市政行业职业技能培训教材

下水道养护工

建设部人事教育司组织编写

中国建筑工业出版社

图书在版编目（CIP）数据

下水道养护工/建设部人事教育司组织编写．—北京：中国建筑工业出版社，2004
市政行业职业技能培训教材
ISBN 978-7-112-06880-7

Ⅰ.下… Ⅱ.中… Ⅲ.排水管道-维护-技术培训-教材 Ⅳ.TU992.4

中国版本图书馆 CIP 数据核字（2004）第 111020 号

市政行业职业技能培训教材
下水道养护工
建设部人事教育司组织编写

*

中国建筑工业出版社出版、发行（北京西郊百万庄）
各地新华书店、建筑书店经销
北京建筑工业印刷厂印刷

*

开本：850×1168毫米 1/32 印张：8$\frac{1}{2}$ 字数：224千字
2005年1月第一版 2019年8月第十二次印刷
定价：**17.00**元
ISBN 978-7-112-06880-7
(12834)

版权所有 翻印必究
如有印装质量问题，可寄本社退换
（邮政编码 100037）

本书是根据建设部《职业技能岗位标准和职业技能岗位鉴定规范》编写的,内容涵盖了下水道养护工初级工、中级工、和高级工的知识。主要包括:排水系统概述、下水道常用工程材料、混凝土与砌筑工程,下水道维护施工基本知识,下水道养护常用机械设备,下水道养护技术,下水道设施管理等。

本书由浅入深,循序渐进,突出职业技能和实际操作,利于培训,方便自学。

本书可供全国市政行业职业技能下水道养护工及相关工种的工人培训用书,还可供高、中等职业学校实践教学使用。

责任编辑:姚荣华　胡明安　田启铭
责任设计:郑秋菊
责任校对:李志瑛　王　莉

出版说明

为深入贯彻《建设部关于贯彻＜中共中央、国务院关于进一步加强人才工作的决定＞的意见》，落实建设部、劳动和社会保障部《关于建设行业生产操作人员实行职业资格证书制度的有关问题的通知》（建人教［2002］73号）精神，加快提高建设行业生产操作人员素质，培养造就一支高素质的技能人才队伍，根据建设部颁发的市政行业《职业技能标准》、《职业技能岗位鉴定规范》，建设部人事教育司委托中国市政工程协会组织编写了本套"市政行业职业技能培训教材"。

本套教材包括沥青工、下水道工、污泥处理工、污水处理工、污水化验监测工、沥青混凝土摊铺机操作工、泵站操作工、筑路工、道路养护工、下水道养护工等10个职业（工种），并附有相应的培训计划大纲与之配套。各职业（工种）培训教材将初、中、高级培训内容合并为一本其培训要求在培训计划大纲中具体体现。全套教材共计10本。

本套教材注重结合市政行业实际，体现市政行业企业用工特点，理论以够用为度，重点突出操作技能训练和安全生产要求，注重实用与实效，力求文字深入浅出，通俗易懂，图文并茂。本套教材符合现行规范、标准、工艺和新技术推广要求，是市政行业生产操作人员进行职业技能培训的必备教材。

本套教材经市政行业职业技能培训教材编审委员会

审定，由中国建筑工业出版社出版。

本套教材作为全国建设职业技能培训教学用书，可供高、中等职业院校实践教学使用。在使用过程中如有问题和建议，请及时函告我们，以便使本套教材日臻完善。

建设部人事教育司
2004 年 10 月

市政行业职业技能培训教材编审委员会

顾　　　问：李秉仁
主任委员：张其光
副主任委员：果有刚　陈　付
委　　　员：王立秋　丰景斌　张淑玲　崔　勇
　　　　　　杨树丛　张　智　吴　键　冯亚莲
　　　　　　陈新保　沙其兴　陈　晓　刘　艺
　　　　　　白荣良　程　湧　陈明德

《下水道养护工》

主　　编：杨树丛
主　　审：姬国明
副 主 编：李小恒
编写人员：李小恒　李子平　王林克　刘　斌
　　　　　任明星　孙振宗

前　言

为了适应建设行业职业技能岗位培训和职业技能岗位鉴定的需要，我们编写了《下水道养护工》培训教材。

本教材根据建设部颁发的下水道养护工《职业技能岗位标准》、《职业技能岗位鉴定规范》要求编写而成。

本教材的主要特点是：整个工种只有一本书，不再分为初级工、中级工和高级工三本书，内容上基本覆盖了"岗位鉴定规范"对初、中、高级工的知识要求。本教材的主要内容有：下水道工程识图、排水系统知识、排水管道施工、排水设施维护管理、下水道养护作业机械使用及有关安全和文明施工方面的知识等。本教材注重突出职业技能教材的实用性，对基本知识、专业知识和相关知识有适当的比重，尽量做到简明扼要。由于全国地区差异、行业差异较大，使用本教材时可以根据本地区、本行业、本单位的具体情况，适当增加一些必要的内容。

本教材的编写得到了建设部人事教育司、中国建筑工业出版社、中国市政工程协会教育专业委员会和北京市市政工程总公司人事处的大力支持，在编写过程中参照了国家有关规范、标准。由于编者水平有限，书中可能存在若干不足甚至失误之处，希望读者在使用过程中提出宝贵意见，以便不断改进完善。

编　者

目　录

一、工程识图 ··· 1
 （一）识图基本知识 ·· 1
 （二）识图基本概念 ·· 7
 （三）下水道工程识图方法 ·································· 21
 （四）下水道工程制图基本知识 ······························ 31
 （五）下水道竣工图的绘制 ·································· 34

二、排水系统基础知识 ·· 38
 （一）下水道设施名称与作用 ································ 38
 （二）排水系统概述 ·· 46
 （三）城市污水排除方法及标准 ······························ 61

三、下水道常用工程材料 ······································ 68
 （一）管道材料 ·· 68
 （二）砌筑材料 ·· 71

四、混凝土与砌体工程 ·· 81
 （一）混凝土工程 ·· 81
 （二）砌体工程 ·· 88

五、下水道维修施工基本知识 ·································· 92
 （一）开槽施工法 ·· 92
 （二）不开槽施工法 ·· 109
 （三）管道闭水试验 ·· 126
 （四）施工组织设计 ·· 128

六、下水道养护常用机械设备 ·································· 135
 （一）下水道养护常用机械设备知识 ·························· 135
 （二）专用下水道养护机械设备 ······························ 158
 （三）下水道养护机械设备的先进技术和发展方向 ·············· 180

七、下水道养护技术 ·· 194

（一）养护工作概述	194
（二）下水道日常养护	195
（三）重点设施的维护保养	211
（四）季节性养护	215
（五）养护作业组织工作	219

八、下水道设施管理 225

（一）概况	225
（二）下水道设施养护状况管理	225
（三）设施使用情况管理	235
（四）排水系统养护组织管理	244

九、安全与文明施工 247

（一）下水道维护安全常识	247
（二）下水道维修作业文明施工	251
（三）交通配合知识	253
（四）有关法律、法规	255

参考书目 ………………………………………… 258

一、工程识图

(一) 识图基本知识

1. 尺寸、比例、方向和线条

(1) 图纸的尺寸、比例

在工程图纸上除绘出物体图形外,还必须注明各部分的尺寸大小。我国统一规定,工程图一律采用法定计量单位。由于排水工程及构筑物各部分实际尺寸很大,而图纸尺寸有限,这就必须把实际尺寸加以缩小若干倍数后,才能绘在图纸上并加以注明。例如:1km 长的下水道若在图纸上缩小 2000 倍,只要在图纸上画出 1000/2000 = 0.5m 长度就行了。其图纸长度与实际长度的比例为 1:2000,即:比例尺寸 = 实物在图纸上的长度/实物实际长度。图形大小虽然按比例缩小了,但是尺寸线上所注明的尺寸仍是构筑物实际尺寸。并尽可能填写在图形轮廓线外面,以求得图形清晰。而图纸比例尺寸大小,以图纸上所反映构筑物的需要而定。一般情况下采用如下比例:

排水系统总平面图比例为:1:2000 或 1:5000;

排水管道平面图比例为:1:500 或 1:1000;

排水管道纵断面图比例为:纵向 1:50 或 1:100;

横向 1:500 或 1:1000;

附属构筑物图比例为:1:20~1:100;

结构大样图比例为:1:2~1:20。

(2) 图纸方向确定

图纸上地形、地物、地貌的方向,以图纸指北针为准,一般为上北、下南、左西、右东。

(3) 线条的使用

为了使图面上地形地物主次清晰，应用各种粗、细、实、虚线条来加以区分。一般常用的线条有下列数种：

构筑物中心线	细点划线	—·—·—
构筑物隐蔽轮廓线	粗虚线	▬ ▬ ▬
构筑物主要轮廓线	粗实线	━━━━
地物地貌现状和标注尺寸线	细实线	────

2．图例

为了便于统一识别，同一类型图纸所规定出统一的各种符号来表示图纸中反映的各种实际情况。在地形图中一般可分地物符号、地貌符号和注记符号三种：

(1) 地物符号

地面上铁路、道路、水渠、管道、房屋、桥梁等地物，在图上按比例缩小后标注出来，被称为比例符号。它反映地物尺寸、方向、位置。而有些地物按比例缩小后画不出来，但又很重要，如独立树木、水井、窑洞、路口等，只能标注位置、方向，不能反映出尺寸大小称为非比例符号。然而比例符号和非比例符号不是固定不变的，它们与图纸选用的比例大小有关，一般地物符号有下列数种：

三角点 △ 点号/标高　　　导线点 ⊙ 点号/标高

水准点 ⊗　　　　　　　 ⊠ 点号/标高

房屋建筑物 ▨　　　　　临时建筑物 ⊠

一般照明电杆 ──○──　　高压电力杆 ─⌇○⌇─

铁路 ─▭▬▭─　　　　　临时围墙 ─×─×─

道路 ══════　　　　　台阶 ▤

水渠

地下管道检查井

消火栓

桥梁

边坡

窑洞

堤

围墙

雨水口:

平箅式: 单箅　　双箅　　多箅

偏沟式: 单箅　　双箅　　多箅

联合式: 单箅　　双箅　　多箅

地下管线:

街道规划中线

上水管道

污水管道

雨水管道

燃气管道

热力管道

电信管道

电力管道

电缆:

照明

电信

广播

工业管道

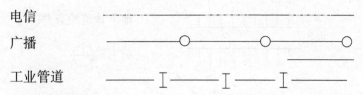

(2) 地貌符号

表示地形起伏变化和地面自然状况的各种符号，一般有下列几种：

一般土路

人行小道

坟地

土坡梯田

土埂

沟渠

自然边坡

等高线

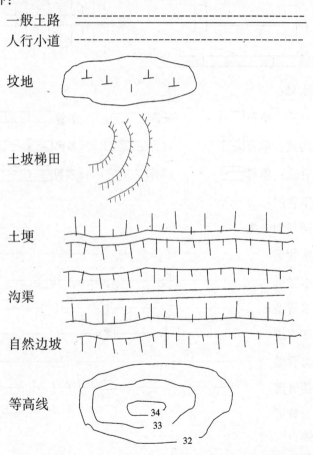

洼地、河流及流向

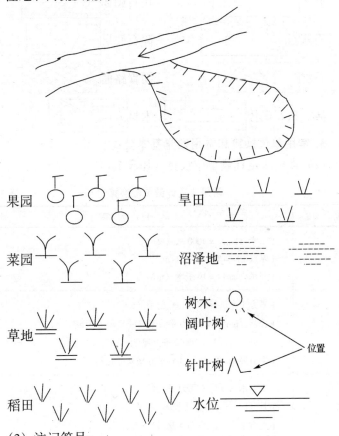

(3) 注记符号

在图上用文字表示地名，专用名称等；数字表示屋层层数、地势标高和等高线高程；用箭头表示水流方向等都称为注记符号。如图：

▽ 20.000m ——— 表示地面标高为20.000m。

(4) 建筑材料图例

用以表示构筑物的材料结构情况，一般有下列几种：

素土夯实（密实土）

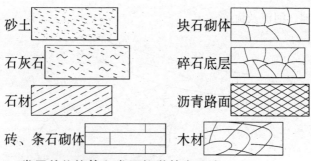

3. 常用单位换算和常用数学基本公式

（1）常用法定计量单位换算（如表 1-1）

常用法定计量单位换算　　　　表 1-1

度　量	单　位　换　算
长　度	1 千米（km）= 1000 米（m） 1 米（m）= 100 厘米（cm） 1 厘米（cm）= 10 毫米（mm）
面　积	1 平方千米（km^2）= 100 公顷（hm^2） 1 公顷（hm^2）= 10000 平方米（m^2）= 15 市亩 1 平方米（m^2）= 10000 平方厘米（cm^2） 1 平方厘米（cm^2）= 100 平方毫米（mm^2）
体　积	1 立方米（m^3）= 1000 升（L） 1 升（L）= 1000 立方厘米（cm^3） 1 立方厘米（cm^3）= 1 毫升（mL）
重　量	1 吨（t）= 1000 千克（kg） 1 公斤（kg）= 1000 克（g） 1 克（g）= 1000 毫克（mg）
角　度	1 圆周 = 360 度（°） 1 度（°）= 60 分（′） 1 分（′）= 60 秒（″） 1 弧度（rad）= $180°/\pi$ = 57.3°

(2) 常用数学基本公式（表1-2）

常用数学基本公式　　　　　　　　表1-2

名称		基本公式
长度	圆周长	$L = \pi \cdot d$
	圆弧长	$L = \pi \cdot r \cdot \theta / 180$
	弦长	$L = 2 \cdot r \cdot \sin\theta/2$
面积	正方形	$A = a \times a = a^2$
	长方形	$A = a \times b$
	三角形	$A = 1/2 \cdot a \times b$
	圆形	$A = 1/4 \cdot \pi \cdot d^2$ （$\pi \approx 3.1416$）
	梯形	$A = h/2 \cdot (a + b)$
	扇形	$A = 1/2 \cdot r = \pi \cdot \theta \cdot r^2 / 360$
体积	正方体	$V = a \times a \times a = a^3$
	长方体	$V = a \times b \times h$
	圆柱体	$V = \pi \cdot r^2 \cdot h$

（二）识图基本概念

1. 投影概念

当灯光（或日光）的光线照射到墙上时，在墙与灯光（或日光）之间若有物体存在，就会遮住一部分光线，此时墙上就会反映出这个物体的影子。我们把这种现象称为物体在墙上的投影。如果把物体摆到适当位置，它的影子就能够反应出物体的本身形状，因此找出光线、物体和影子之间相互的几何关系，就形成了投影方法。一般按其光线光源集中某一空间中心点（如灯光）或平行分散于某一空间（如日光等）不同的照射形式，可分为中心投影和平行投影两种类型。现分述如下：

（1）中心投影

如图1-1所示。若空间有一个平面 P，叫做投影面；在此平面以外的某一任意点 O，叫做投影中心。如把空间 a 点投射到平面 P 上，则需从 O 点找出一条直线通过 a 点，此直线叫做投影线。它和平面 P 交点 a' 就是空间 a 点在平面 P 上的投影。同样方法可以做出空间 b 点与 c 点的投影 b' 和 c'。由于这种投影法是从一个固定中心引出的投影线，如同灯光放出的光线，所以叫做中心投影线，即投影线为集中光束。

中心投影的基本特征：

1) 直线投影，在一般情况下仍是直线。
2) 在直线上的点，其投影必位于该直线的投影上。

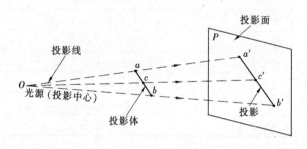

图 1-1 中心投影

（2）平行投影

如图 1-2 所示，若投影线没有中心点，而且是平行分散光束。如同日光照到地面上的光束，这种投影法叫做平行投影。投影线垂直于投影面的平行投影被称为正投影，倾斜于投影面的平

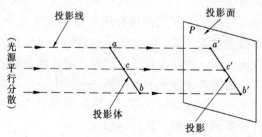

图 1-2 平行投影

行投影称为斜投影。

平行投影有两条基本特征如下：

1) 点分线段成一定比例，则该点的投影也分该线段投影成相同比例。

2) 互相平行的直线，其投影仍旧互相平行。

因此采用不同投影方法，可得到不同的投影图。一般情况下，下水道工程常用的有正投影、轴测投影、透视投影等投影图。

2. 正投影原理与三视图

（1）正投影原理

正投影属于平行投影的一种，如前所述，如有一束平行光线垂直照射在一个平面上，在光线和平面之间放置一个平行于平面的物体，那么这个物体必然在这个平面上留下一个与这个物体形状相同，大小相等的影子。在工程制图中把这束平行的光线叫做投影线，把这个平面称为投影面，把这个物体称为投影体，而且这个影子就是该物体的正投影。将物体用平行投影法分别投到一个或多个互相垂直的投影面上，这样所得到的图形称为正投影图。

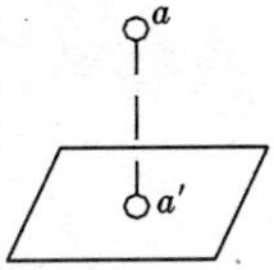

（2）正投影的特征

1) 点的正投影特性：如图1-3点的正投影仍是点。

图1-3 点的正投影

2) 直线正投影特性：如图1-4所示，直线 ab 对投影面 P 分

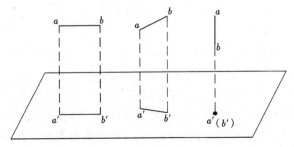

图1-4 直线的正投影

为平行、倾斜、垂直三种情况,表示直线 ab 对水平投影面 P 的三种不同位置的投影特性。

直线平行于投影面,其投影是实线,反映为实长。

直线倾斜于投影面,其投影仍是一条直线,但比实长缩短。

直线垂直于投影面,其投影是一个点 (a、b 两点叠合一个投影)。

3) 平面正投影特性:如图 1-5 所示,平面 abcd 对投影面 P 的位置也可分为平行、倾斜、垂直三种情况,表示平面 abcd 对投影面 P 的三种不同位置的投影特性。

若平面平行于投影面,它的投影反映平面实形,即形状大小不变。

若平面倾斜于投影面,其投影变形,面积变小。

若平面垂直于投影面,其投影是一条直线。

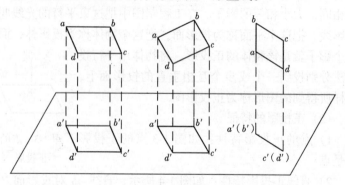

图 1-5 平面正投影

(3) 三视图

由几何可知,一个物体由长、宽、高三维的量构成,因此可用三个正投影面分别反映出物体含有长度的正立面 (V)、含有宽度的水平面 (H)、含有高度的侧立面 (W) 的三维不同外形表面,分别表示出物体形状,称为该物体三面投影。其正面投影称正视图、水平投影称俯视图、侧面投影称侧视图。而投影面之间交线称为投影轴。H 与 V 面交线为 X 轴、H 与 W 面交线为 Y

轴、V 与 W 面交线为 Z 轴，X、Y、Z 三轴交于一点 O 称为原点。

该物体三面投影可完全表达出某工程构筑物可见部分的轮廓外部形状；并可根据各部位尺寸，按照一定比例画在图纸上，这就是工程图中的三视图，如图 1-6 所示。

三视图特性如表 1-3 所示。

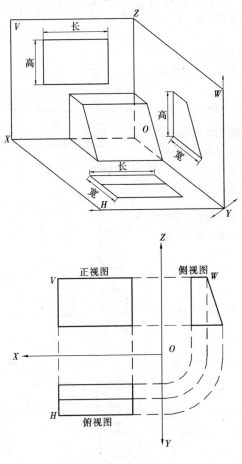

图 1-6　正视图

三视图特性　　　　　　　　　表 1-3

名　称	特　征	三　视　图	简化视图
长方体	各表面是长方形且相邻各面互相垂直		
六棱柱	顶、底面是正六边形，六个棱面是长方形且与顶、底面垂直		
圆　柱	两端面是圆，表面四周是柱面，且和两端面垂直		
圆　锥	端面是点、底面是圆、表面是锥面，轴线和底面垂直		
圆　台	两端面是大小不同的圆，表面是锥面，轴线与端面垂直		
球	球体从各方面看都是圆		
圆　筒	它可看成圆柱体中间再去掉一个圆柱体		$\phi 1$　$\phi 2$

1）正视图：由物体正前方向，反映物体表面形状的投影面，称为正面图或正视图。在此投影面上，只能反映出物体长度与高度尺寸和形状。

2）俯视图：由物体上面俯视，反映出物体宽度表面形状的投影面，称为平面图或俯视图。在此投影图上，只能反映出物体宽度与长度尺寸和形状。

3）侧视图：由物体侧面方向反映物体高度表面形状的投影面，称为侧面图或侧视图，在此投影图上，只能反映出物体高度和宽度尺寸与形状。

3. 轴测投影原理与方法

（1）轴测投影原理

正投影可以表达物体的长、宽、高的尺寸与形状，为此常常分别画出三个方向（立、平、侧）视图。而每一种视图又分别表示物体某一方向尺寸与表面形状，但整个物体形状与尺寸不能完整地表示出来。轴测投影和正投影一样，是物体对于一个平面采用平行投影法画出的立体图形，但可以直接表示出物体形状和长、宽、高三个方向的尺寸。因此其直观性强，缺点是量度性差，一般只用于指导少数特殊或新构筑物的施工。

（2）轴测投影方法

轴测图的关键是"轴"和"测"的两个问题。"轴"是用三个方向坐标反映物体放置的位置方向。"测"是在各方向坐标轴上，按照一定比例量测物体尺寸，反映出物体的尺寸状况。如果三测比率相同称为等测投影。其中二测比率相同称为二测投影。三测比率均不相同称为三测投影。一般轴测投影有两种表示方法，即正轴测投影和斜轴测投影。现分述如下：

1）正轴测投影：正轴测投影或称为等角轴测投影，其原理是X、Y、Z三根坐标轴的轴间角相等，均为120°。其轴向变形系数相等，均为1:1。如图1-7所示。

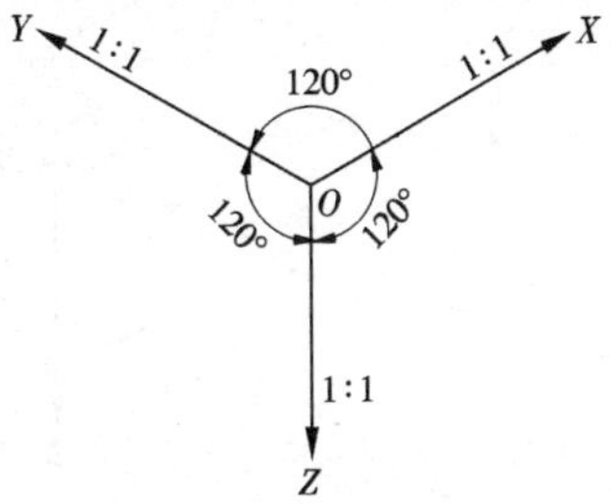

例：将下面物体三视图用正

图1-7 正轴测投影

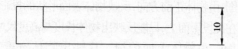

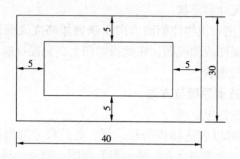

图 1-8 物体三视图

轴测投影来表示。

2）斜轴测投影（高级）：斜轴测投影原理是 X、Y、Z 三根

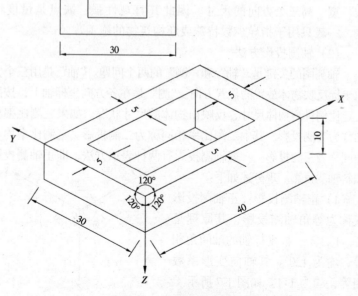

图 1-9 物体正轴测图

坐标轴的轴间角不等，轴变形系数也不同。即其中有轴方向坐标尺寸，按其余两轴的 1/2、2/3 或 3/4 比例来反映实物尺寸。根据物体不同面平行于轴测投影面状况，可分为正面斜轴测投影和水平斜轴测投影两种，现分述如下：

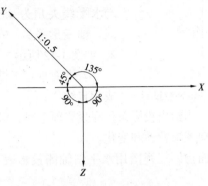

图 1-10　正面斜轴测投影

①正面斜轴测投影：物体的正立面平行于轴测投影面，其投影反映为实形，X、Z 轴平行于投影面均不变形为原长，其轴间角为 90°，Y 轴斜线与水平线夹角为 30°、45° 或 60°，轴变形系数一般考虑定为 1/2。如图 1-10 所示。

例：将上面物体三视图用正面斜轴测投影表示如下：

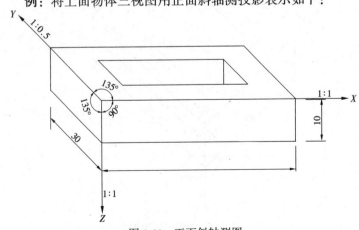

图 1-11　正面斜轴测图

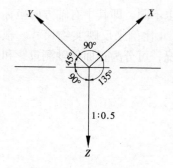

②平斜轴测投影：物体的水平面平行于轴测投影面，其投影反映实形，X、Y轴平行轴测投影面均不变形为原长，其轴间角为90°，与水平线夹角为45°，Z轴为垂直线，轴变形系数一般考虑定为1/2。如图1-12所示。

若平面垂直于投影面，其投影成为直线。

图1-12 水平斜轴测投影

依上所述，当给出投影条件在投影面上时，可以得出投影体与投影相互几何图形特性和变化。

例：将上面物体三视图用水平斜轴测投影表示如图1-13所示。

4. 标高投影

（1）投影概念

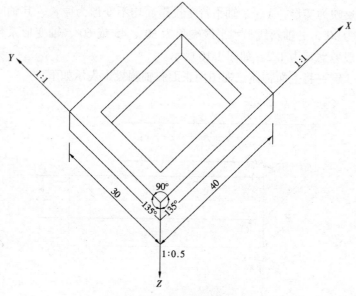

图1-13 水平斜轴测图

在排水工程中,经常需要在一个投影面上给出地面起伏和曲面变化形状,即给出物体垂直与水平两个方向变化情况。这就需要用标高投影方法来解决。一般物体水平投影确定后,它的立面投影主要是提供投影物体的高度位置。如果投影物体各点高度已知后,将空间的点按止投影法投影到一个水平面上,并标出高度数值,使在一个投影面上表示出点的空间位置,即可确定物体形状与大小,此种方法称为标高投影。

如图1-14所示,若空间 A 点距水平面(H)有4个单位,则 A 点在 H 面投影 $a4$ 按其水平基准面的尺寸单位和绘图比例就可确定 A 点空间位置,即自 $a4$ 引水平基准面(H)垂直线按比例大小量取4个单位定出空间 A 点的高度。

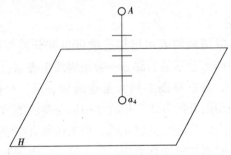

图1-14 点标高投影

(2) 地面标高投影——等高线

物体相同高度点的水平投影所连成的线,称为等高线。一般采用一个水平投影面,用若干不同的等高线来显示地面起伏或曲面形状,如图1-15所示。

地面标高投影特性如下:

1) 等高线是某一水平面与地面交线,因此它必是一条闭合曲线。

2) 每条等高线上高程相等。

3) 相邻等高线之间的高度差都相等。

4) 相邻等高线之间间隔疏远程度,反映着地表面或物体表

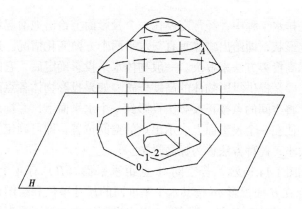

图 1-15 地形图

面倾斜程度。

5．剖面图

三视图可以清楚地表示出构造物可见部分的外形轮廓与尺寸。其构造物内部看不见的部分一般用虚线来表示；但是当物体内部比较复杂，在三视图上用大量虚线来表示，会使图形不清晰。因此采用切断开的办法，把物体内部需要的部分的构造状况暴露出来，使大多数虚线变成实线，采用这种方法绘出所需要物体某一部位切断面的视图称为剖视图。只表示出切断面的图形称为剖面图，简称剖面。所以剖面图是用来表示物体某一切开部分断面形状的。因此剖面与剖视的区别在于：剖面图只绘出切口断面的投影，而剖视图则即绘出切口断面又绘出物体其余有关部分结构轮廓的投影。现将剖视情况分述如下。

（1）按剖开物体方向可分为：

纵剖面和横剖面，如图 1-16 所示。

（2）按剖视物体的方法分为：

1）全剖视：由一个剖切平面，把某物体全部剖开所绘出的剖视图。它能清楚地表示出物体内部构造。一般当物体外形比较简单，而内部构造比较复杂时，采用全剖视。如图 1-17 所示。

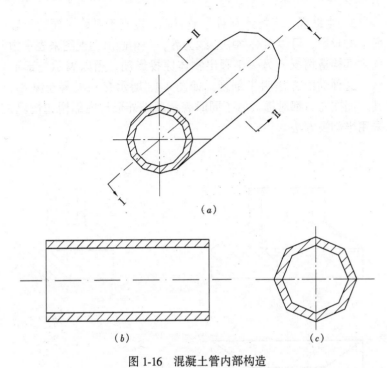

图 1-16 混凝土管内部构造
（a）混凝土管轴测图；（b）Ⅰ-Ⅰ混凝土管纵剖面图；（c）Ⅱ-Ⅱ混凝土管横剖面图

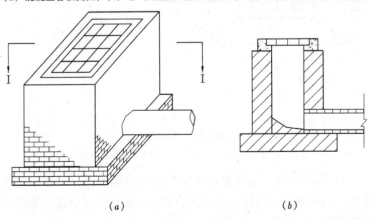

图 1-17 雨水口全剖视图
（a）雨水口轴测图；（b）Ⅰ-Ⅰ雨水口全剖视图

2) 半剖视：当物体有对称平面时，垂直于对称平面的投影面上的投影，可以由对称中心线为界，一半画出剖视图来表示物体内部构造情况，另一半画出物体原投影图，用以表示外部形状。这种剖面方法叫半剖视。如图 1-18 所示有一混凝土基础，其三面图左右都对称，为了同时表示基础外形与内部构造情况，采用半剖视方法。

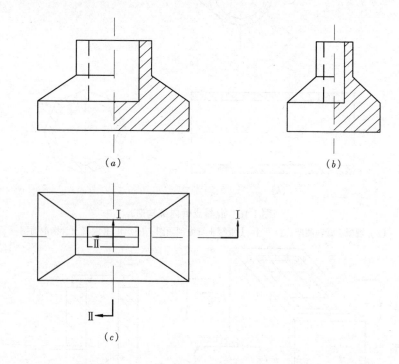

图 1-18 半剖面

（a）Ⅰ-Ⅰ半剖面；（b）Ⅱ-Ⅱ半剖面；（c）Ⅱ半剖面

3) 局部剖视：如只表示物体局部的内部构造，不需全剖或半剖，但仍保存原物体外形视图，则采取局部剖视方法，称为局部剖视图。

4) 斜剖视：当物体形状与空间有倾斜度时，为了表示物体内部构造的真实形状，可采用斜剖视方法来表示。

5）阶梯剖视：由两个或两个以上的相互平行的剖切平面进行剖切，用这种方法所绘出的图形叫阶梯剖视图。

6）旋转剖视：用两个相交的剖切平面，剖切物体后，并把它们旋转到同一平面上，用这种剖视方法所得到的剖视图，称为旋转剖视图。

(3) 根据剖面图在视图上的位置分为：

1）移出剖面：剖面图绘在视图轮廓线外，称为移出剖面。

2）重合剖面：剖面图直接绘在视图轮廓线内，称为重合剖面。

(三) 下水道工程识图方法

1. 下水道工程施工图的种类

下水道工程图一般有 5 种：排水系统总平面图、管道平面图、管道纵断面图、管道横断面图和下水道附属构筑物结构图。

2. 下水道工程图的识图方法和要点

(1) 总平面图：表示某一区域范围内排水系统现状和管网布置情况，如图 1-19 所示。

其具体内容有：

1）流域面积：在地形总平面图上，反映出总干管流域面积范围，确定出水流方向。

2）流域面积范围内水量分布：依地形状况，划分出各管段的排水范围，水流方向。各段支线排水面积之和应等于总干管的流域面积。

3）管网布置和支干线设置情况：根据流域面积和水量分布，确定出管网布置和支干线设置。

(2) 管道平面图：主要表示管道和附属构筑物在平面上的位置，如图 1-20 所示。

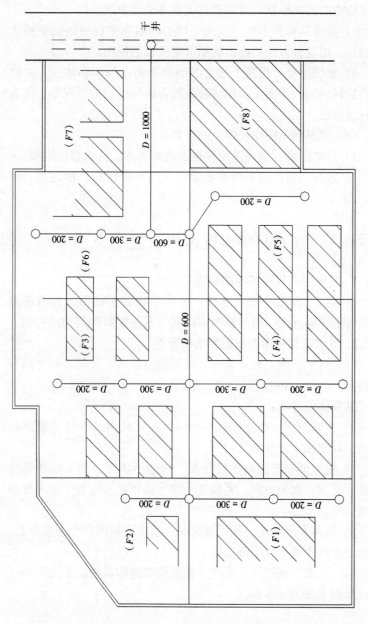

图 1-19 排水系统总平面图

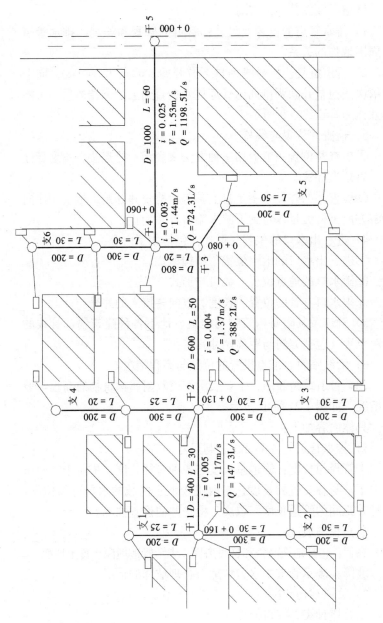

图 1-20 管道平面图

管道平面图具体内容有：

1) 排水管道的位置及尺寸：管道的管径和长度，排水管道与周围地物的关系。

2) 管道桩号：桩号排列自下游开始，起点为 0+000，向上游依次按检查井间距排列出管道桩号，直到上游末端最后一个检查井作为管道终点桩号。

3) 检查井位置与编号

①检查井位置一般应用三种方法来表示：栓点法、角度标注法、直角坐标法。

②检查井的井号编制是自上游起始检查井开始，依次顺序向下游方向进行编号，直到下游末端检查井为止。

4) 进、出水口的位置与形式：包括如下内容：

①进、出水口的地点位置与结构形式。

②雨水口的地点位置、数量与形式。

③雨水口支管的位置、长度、方向与接入的井号。

5) 管道及其附属构筑物与地上、地下各种建筑物、管线的相对位置（包括方向与距离尺寸）。

6) 沿线临时水准点设置的位置与高程情况。

(3) 管道纵断面图：主要表示管道及附属构筑物的高程与坡降情况，如图 1-21 所示。

具体内容如下：

1) 排水管道的各部分位置与尺寸

①管径与长度：管道总长度与各种管径长度，决定于管网布置中干管与各支管的长度，它取决于汇水区域的水量分布情况。各种井距间的管道长度，取决于检查井的设置情况。

②高程与坡度：

高程：包括地面高程和管底高程，表示管道埋深与覆土情况。

坡降：表示管道中水力坡降与合理坡降的情况。

2) 管道结构状况

①管道种类与接口处理：

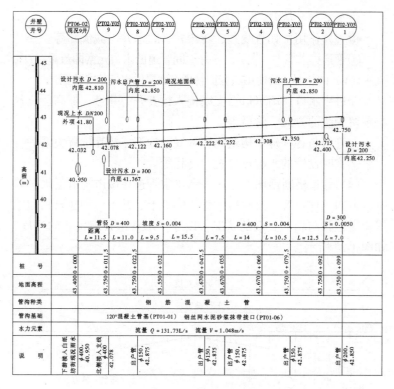

图 1-21 排水管道纵断面图

所使用的管道材料及断面形式：如普通混凝土管、钢筋混凝土管、砖砌方沟等。

接口处理方法：如钢丝网水泥砂浆抹带接口、沥青玛琋脂接口、套环接口等。

②管道基础和地基加固处理：

管道基础：如混凝土通基（90°、135°、180°）等。

地基加固处理：如人工灰土、砂石层、河卵石垫层等。

③检查井的井号、类型与作用：

检查井的井号：自上游向下游顺序排列，区分出干线井与支线井的井号。

检查井类型：如圆形井、方形井、扇形井。并区分出雨水井、污水井与合流井。

检查井作用：如直线井、转弯井、跌水井、截流井等。

④管道排水能力：表示出各井距间管道的水力元素即流量（Q）、流速（V）的状况，给使用与养护管理方面提供出最基本数据。

⑤进出水口、雨水口、支线接入检查井的井号、标高、位置与预留管线的方向、管径等。

⑥管道与各种地下构筑物和管线的标高、相互位置关系。

⑦临时设置的水准点位置与高程等。

（4）管道横断面图：主要表示排水管道在城市街道上水平与垂直方向具体位置。反映排水管道同地上、地下各种建筑物和管线相对位置与相互关系的状况，以及排水管道合理布置的程度。如图 1-22 所示。

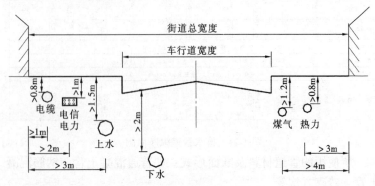

图 1-22　管道横断面图

（5）管道与附属构筑物结构图：下水道结构图一般都是利用三视图原理和各种剖视方法来反映下水道构筑物的结构状况，一般常用下列结构图：

1）管道基础与管道接口结构图，如图 1-23 所示。

2）进出水口、雨水口结构图，如图 1-24 所示。

3）各类检查井结构图，如图 1-25 所示。

4）钢筋混凝土盖板配筋图，如图 1-26 所示。

5）管道加固结构图，如图 1-27 所示。

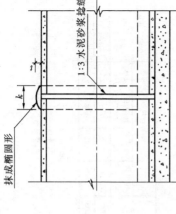

管径 D	带宽 K	带厚 t	抹带水泥砂浆 (m^3/每个口)	捻缝水泥砂浆 (m^3/每个口)
200	120	30	0.002	0.002
300	120	30	0.002	0.004
400	120	30	0.003	0.005
500	120	30	0.004	0.008
600	120	30	0.004	0.010
700	120	30	0.005	0.014
800	120	30	0.006	0.016
900	120	30	0.006	0.023
1000	120	30	0.007	0.028
1100	150	30	0.014	0.033
1250	150	30	0.017	0.042
1350	150	30	0.017	0.048
1500	150	30	0.019	0.064
1640	150	30	0.021	0.076

图 1-23 90°混凝土基础水泥砂浆抹带接口

说明：
1. 单位：毫米。
2. 本图适用于一般雨水管。

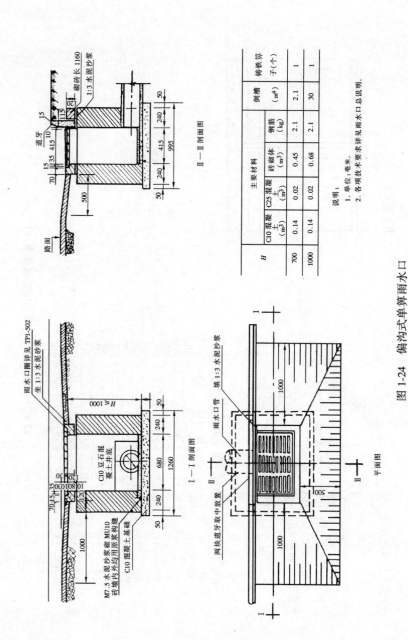

图1-24 偏沟式单箅雨水口

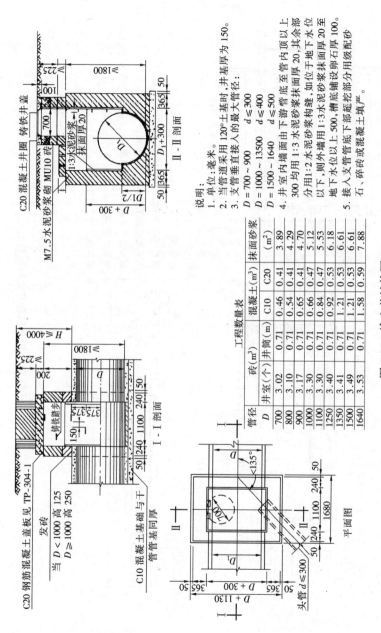

图 1-25 检查井结构图

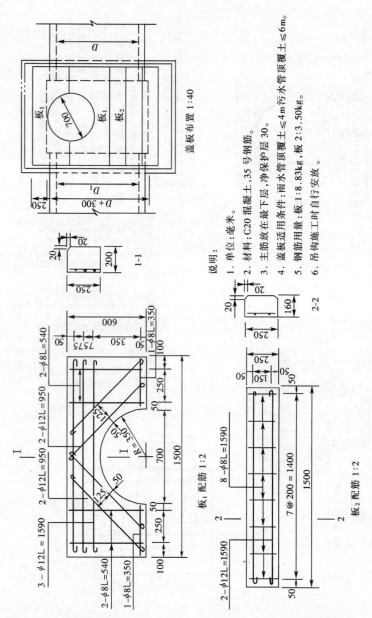

图 1-26 矩形检查井盖板配筋

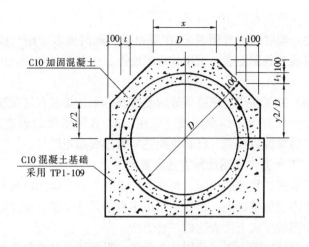

管径 D	基础混凝土 (m^3/m)	加固混凝土 (m^3/m)	x
200	0.06	0.06	190
300	0.08	0.08	234
400	0.11	0.10	280
500	0.16	0.12	326
600	0.21	0.14	374
700	0.32	0.16	422
800	0.41	0.19	470
900	0.53	0.21	518
1000	0.61	0.2	566
1100	0.77	0.25	614
1250	0.94	0.31	682
1350	1.16	0.34	730
1500	1.45	0.38	808
1640	1.74	0.52	874

说明：
1. 单位：毫米。
2. 管基采用 TPr-109 图，凡基础肩宽 a 小于 100 时，应加宽至 100。
3. 本图适用于管道需要局部加固处。
4. 加固混凝土每隔 10～20m 设伸缩缝一道，伸缩缝应加在管子接口处；接口加柔性接口。

图 1-27 普通混凝土管满包混凝土加固
（覆土＜0.7m，$H = 6 \sim 8$m）

（四）下水道工程制图基本知识

1. 制图的步骤

（1）进行图面布置。首先考虑好在一张图纸上要画几个图样，然后安排各个图样在图纸上的位置。图面布置要适中、匀称，以获得良好的图面效果。

（2）画底稿。常用 H～3H 等铅笔，画时要轻、细，以便修改。目前多数制图者已采用计算机绘图，因此，画底稿时用细线即可。

（3）加深图线。底稿画好后要检查一下，是否有错误和遗漏的地方，改正后再加深图线。常用 HB、B 等稍软的铅笔加深，并应正确掌握好线型。计算机绘图时将细线加粗即可。

2. 下水道工程图绘制方法及要点

下水道工程图的绘制，是在我们已经掌握了制图的基本原理与规定画法的基础上，根据下水道工程的设计要求、设计思想而用工程图的形式书面表达的一种方法。

下面就以下水道工程图的平面图、纵断图及结构图为例，简述其绘制方法及步骤：

（1）平面图

1）选择绘图比例，布置绘图位置。根据确定的绘图比例和图面的大小，选用适当的图幅。制图前还应考虑图面布置的均称，并留出注写尺寸、井号、指北针、说明及图例等所需的位置。

2）绘制主干线。根据设计意图及上、下游管线位置，确定主干线位置，并绘于图纸上。

3）绘制支线及检查井。根据现况确定支线接入位置，根据干线管径大小确定检查井井距，并将支线及检查井绘制于图面上。

4）加粗图线。将绘制完的图线检查一下，将不需要的线条除去，按国标规定的线型及画法加粗图线。

5）标注尺寸及注写文字。按照平面图所应包括的内容，注写井号、桩号、管线长度、管径等；标注管线与其他建筑物或红线的相对位置，对于转折点的检查井应有栓桩；标注与管线相连的上下游现况管线的名称及管径；绘制指北针、说明及图例。

6）检查。当图纸绘制完成后，还要进行一次全面的检查工作，看是否有画错或画得不好的地方，然后进行修改，确保图纸质量。

（2）纵断图

1）确定绘图比例。根据管线长度及管径大小，确定纵断图绘制的横向及纵向比例。

2）确定并绘制高程标尺。根据所确定的纵向比例及下游管的埋深，绘制高程标尺。

3）绘制现况地面线。按照实测的地面高程，根据不同的纵横向比例，绘出现况地面线。

4）绘制管线纵断面。根据下游管底高程，按照所确定的坡度，计算出各检查井的管底高程，并标于图上，将其连接起来，即为管线的管底位置。根据管径大小及纵向比例，即可绘出管线的纵断面图。

5）绘制与管线交叉或顺行的其他地下物的横、纵断面。

6）加粗图线。将绘制完的图线检查一下，看看有没有同现状地下物相互影响的地方，上下游相接处是否合乎标准，并及时调整。然后按国标规定的线型及画法加粗图线。

7）标注尺寸及注写文字。注写管径、长度、坡度、高程及桩号等。标注检查井井号及井型。注写水准点及说明性文字。

8）确定管道种类及接口形式。根据管道材料、管径（或断面）及埋深，确定管道基础形式、接口方法，并标于图上。

9）标注水力元素。根据管道种类、管道坡度等，确定水力元素即流量、流速、充满度，并将其标注在图中。

10）检查。图纸绘制完成后，进行一次全面的检查工作，看是否有画错或画得不好的地方，然后进行修改，确保图纸质量。

（3）结构图

1）选择最能表达设计要求的视图。根据构筑物的特点，选择适宜的剖视图。任何剖视图都要确定剖切位置，剖切位置选择的原则是选择最能表达结构物几何形状特点、最能反映尺寸距离的剖切平面。

2）选择绘图比例，布置视图位置。根据确定的绘图比例和图面的大小选用适当的图幅，制图前还应考虑图面布置的匀称，并留出注写尺寸、代号等所需的位置。

3）画轴线即定位线。轴线可确定单个图形的位置，以及图形中各个几何体之间的互相位置。

4）画图形轮廓线。以轴线为准，按尺寸画出各个几何图形的轮廓线，画轮廓线时，先用淡铅笔轻轻画出，待细部完成后再加深。如用计算机制图，先使用细线，最后加粗即可。

5）画出其他各个细部。凡剖切到的部分及可见到的各个部分，均需一一绘出。

6）加深图线。底稿完成以后要检查一下，将不需要的线条擦去，按国标规定的线型及画法加深图线。例如：凡剖切到的轮廓线为 0.6~0.8mm 的粗实线，未剖到的轮廓线为 0.4mm 的中实线，尺寸标注线为 0.2mm 的细实线等。总的要求是轮廓清楚、线型准确、粗细分明。

7）标注尺寸及注写文字。尺寸标注必须做到正确、完整、清晰、合理。不论图形是缩小还是放大，图样中的尺寸仍应按实物实际的尺寸数值注写。标注尺寸应先画尺寸界线，尺寸线和起止点，再注写尺寸数字。

8）检查。当图样完成后，还要进行一次全面的检查工作，看是否有画错或画得不好的地方，然后进行修改，确保图纸质量。

（五）下水道竣工图的绘制

目前，大部分竣工图的编制是利用施工图来编制的。竣工图的编制工作，可以说是以施工图为基础，以各种设计变更文件及实测实量数据为补充修改依据而进行的。竣工图反映的是实际施工的最终状况。

1. 绘制下水道竣工图的技术要求

（1）平面图的比例尺一般采用 1:500～1:2000。平面图中除应包括平面图绘制一般要素外，还应绘制如下内容：

1）管线走向、管径（断面）、附属设施（检查井、人孔等）、里程、长度等，及主要点位的坐标数据；

2）主体工程与附属设施的相对距离及竣工测量数据；

3）现状地下管线及其管径、高程；

4）道路甬中、路中、轴线、规划红线等；

5）预留管、口及其高程、断面尺寸和所连接管线系统的名称。

（2）纵断面图内容，应包括相关的现状管线、构筑物（注明管径、高程等），及根据专业管理的要求补充必要的内容。

2. 竣工图的绘制方法

绘制竣工图以施工图为基本依据，按照施工图改动的不同情况，采用重新绘制或利用施工图改绘成竣工图。

（1）重新绘制：有如下情况，应重新绘制竣工图：

1）施工图纸不完整，而具备必要的竣工文件资料。

2）施工图纸改动部分，在同一图幅中覆盖面积超过三分之一，及不宜利用施工图改绘清楚的图纸。

3）各种地下管线（小型管线除外）。

（2）利用施工图改绘竣工图：有如下情况，可利用施工图改绘成竣工图：

1）具备完整的施工图纸。

2）局部变动，如结构尺寸、简单数据、工程材料、设备型号等及其他不属于工程图形改动，并可改绘清楚的图纸。

3）施工图图形改动部分，在同一图幅中覆盖图纸面积不超过三分之一。

4）小区支、户线工程改动部分，不超过工程总长度的五分之一。

（3）利用施工图改绘竣工图，基本上有两种方法：杠改法、贴图更改法。

1）杠改法

对于少量的文字和数字的修改，可用一条粗实线将被修改部分划去，在其上方或下方（一张图纸上要统一）空白行间填写修改后的内容（文字或数字）。如行间空白有限，可将被修改点全部划去，用线条引到空白处，填写修改后的情况。

对于少量线条的修改，可用"×"号将被修改掉的线条划去，在适当的位置上划上修改后的线条，如有尺寸应予标注。

2）贴图更改法

原施工图由于局部范围内文字、数字修改或增加较多、较集中，影响图面清晰；线条、图形在原图上修改后使图面模糊不清，宜采用贴图更改法。即将需修改的部分用别的图纸书写绘制好，然后粘贴到被修改的位置上。重大工程一般宜采用贴图更改法。

不论用何种方法绘制排水管道工程的竣工图，如设计管道轴线发生位移、检查井增减、管底标高变更或管径发生变化等，除均应注明实测实量数据外，还应在竣工图中注明变更的依据及附件，共同汇集在竣工资料内，以备查考。

当检查井仍在原设计管线的中心线位置上，只是沿中心线方向略有位移，且不影响直线连接时，则只需在竣工图中注明实测实量的井距及标高即可。

3. 竣工图编制的注意事项

竣工图的编制必须做到准确、完整和及时，图面应清晰，并符合长期安全保管的档案要求，具体应注意以下几点：

（1）完整性：即编制范围、内容、数量应与施工图相一致。在施工图无增减的情况下，必须做到有一张施工图，就有一张相应的竣工图；当施工图有增加时，竣工图也应相应增加；当施工图有部分被取消时，则需在竣工图中反映出取消的依据；当施工图有变更时，在竣工图中应得到相应的变更。如施工中发生质量事故，而作处理变更的，亦应在竣工图中明确表示。

（2）准确性：增删、修改必须按实测实量数据或原始资料准确注明。数据、文字、图形要工整清晰，隐蔽工程验收单、业务联系单、变更单等均应完整无缺，竣工图必须加盖竣工图标记章，并由编制人及技术负责人签证，以对竣工图编制负责。标记章应盖在图纸正面右下角的标题栏上方空白处，以便于图纸折叠装订后的查阅。

（3）及时性：竣工图编制的资料，应在施工过程中及时记录、收集和整理，并作妥善的保管，以便汇集于竣工资料中。

复习思考题

1. 简要叙述正投影与轴侧投影原理与方法。
2. 请解释三视图在排水工程中的应用。
3. 说明剖视图用途及其剖视方法。
4. 熟悉下水道工程图中各种线条的使用，以及各种图例的应用。
5. 下水道工程施工图的种类有哪些？
6. 下水道平面图中表示出哪些主要内容？
7. 下水道纵断图中表示出哪些主要内容？
8. 排水构筑物结构图中表示出哪些主要内容？
9. 绘制下水道平面图主要应掌握哪些方法及步骤？
10. 绘制下水道纵断图主要应掌握哪些方法及步骤？
11. 绘制下水道结构图主要应掌握哪些方法及步骤？
12. 绘制下水道竣工图主要有哪几种方法？
13. 用施工图改绘竣工图的方法有哪几种？如何绘制？
14. 绘制竣工图的三要素是什么？

二、排水系统基础知识

(一) 下水道设施名称与作用

1. 排水管渠

排水管渠是下水道工程整体构筑物,用于排水,其作用为水量输送,一般有下列形式:

(1) 按管渠结构状况分:有混凝土管渠和砖渠两大类。

(2) 按管渠断面形状分:常见有下列四种:

1) 圆形断面:(图2-1) 有较好的水力性能,在一定坡度下断面具有最大水力半径,因此流速大流量也大。圆形断面便于预制、抗外荷载能力强、施工养护方便。一般断面直径小于2m。上中游排水干管和户线均可采用圆形断面。

2) 拱形断面:(图2-2) 能承受较大外荷载力,适用于大跨度过水断面大的主干沟道,能够承担较大流量的雨水与合流排水系统的污水。

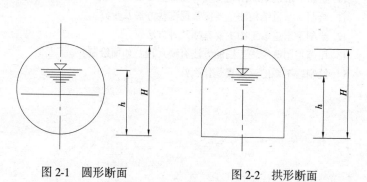

图2-1 圆形断面   图2-2 拱形断面

3) 矩形断面:(图2-3) 这种断面可以就地浇制或砌筑,其断面宽度与深度可根据排水量大小而变化。除圆形断面外，矩形断面是最常采用的一种断面形式。

4）梯形断面：（图2-4）此种断面适用于明渠排水，能适应水量大，水量集中的地面雨水排除。

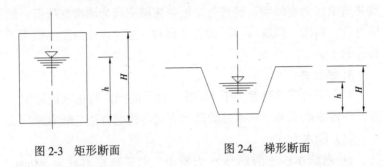

图2-3 矩形断面　　　　图2-4 梯形断面

2. 检查井

检查井设置的目的是为了使用与养护沟道方面的需要，是连接与检查管道的一种必不可少的附属构筑物。

(1) 检查井设置条件：

1）管道转向处。

2）管道交汇处。

3）管道断面和坡度变化处。

4）管道高程改变处。

5）管道直线部分间隔距离在30~120m范围内。其间距大小决定于管道性质、管径断面、使用与养护上的要求而定。

(2) 检查井类型：

1）圆形（$\phi = 1000 \sim 1100$mm）：一般用于管径$D \leqslant 600$mm管道上。

2）矩形（$B = 1000 \sim 1200$mm）：一般用于管径$D \geqslant 700$mm管道上。

3）扇形（$R = 1000 \sim 1500$mm）：一般用于管径$D \geqslant 700$mm管道转向处。

(3) 检查井与管道的连接方法：

1）井中上下游管道相衔接处：一般采取工字形式接头，即管内径顶平相接和管中心线相接（流水面平接）。不论何种衔接都不允许在井内产生壅水现象。

2）中流槽设置：为了保持整个管道有良好的水流条件，直线井流槽应为直线型，转弯与交汇井流槽应成为圆滑曲线型，流槽宽度、高度、弧度应与下游管径相同，至少流槽深度不得小于管径的1/2。

3．跌水井

当上下游管道高差大于1m时，为了消能，防止水流冲刷管道，应设置跌水井。跌水井的跌水方式与构造方法一般有两种。

（1）跌水方式：

1）内跌水：一般跌落水头较小，上游跌水管径≤300mm，在不影响管道检查与养护工作的雨水与污水合流管道上采用，如图2-5。

2）外跌水：对于跌落水头差与跌水流量较大的污水管和合流管道上，为了便于管道检查与养护工作，一般都采用外跌水方式，如图2-6所示。

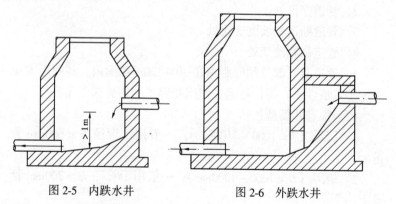

图2-5　内跌水井　　　　图2-6　外跌水井

（2）跌水井构造：

1）竖管式跌水井：一般用于上游管径与跌落水头较小的情况。

2）溢流堰式跌水：一般用于上游流量与跌落水头较大的情况。

4．溢流井

一般用于合流管道，当上中游管道的水量达到一定流量时，由此井进行分流，将过多的水量溢流出去，以防止由于水量过分集中某一管段处而造成倒灌、检查井冒水危险或污水处理厂和抽水泵站发生超负荷运转现象。通常溢流井采用跳堰和溢流堰两种形式，如图 2-7 和图 2-8 所示。

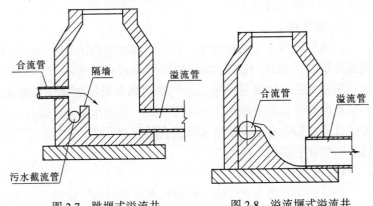

图 2-7　跳堰式溢流井　　图 2-8　溢流堰式溢流井

5．截流井

一般设在合流管下游地段与污水截流管相交处，主要作用是平日合流管道中日常污水与一定量的雨水截流进入污水截流管道，送入污水处理厂，其余的水放入水体。

6．冲洗井

在污水与合流管道较小管径的上、中游段，或管道起始端部管段内流速不能保证自净时，为防止管道淤塞可设置冲洗井，以便定期冲洗管道。冲洗井中的水量，可采用上游污水自冲或自来水与污水冲洗，达到疏通下水道目的即可。

7．闸槽井

一般设于截流井内、倒虹管上游和沟道下游出水口部位，其作用是防止河水倒灌、雨期分洪，以及维修大管径断面沟道时断水，一般有叠梁板闸、单板闸、人工启闭机开启的整板式闸，也有电动启闭机闸。

8. 倒虹管

当管道遇到障碍物必须穿越时，为使管道绕过某障碍物，通常采用倒虹管方式。此处水流中的泥砂容易在此部位沉淀淤积堵塞管道。因此一般设计流速不得小于 1.2m/s。根据养护与使用要求应设双排管道。并在上游虹吸井中设有闸槽或闸门装置，以利于管道养护与疏通工作。

9. 通气井

污水管道污水中的有机物，在一定温度与缺氧条件下，厌气发酵分解产生 CH_4、H_2S、CO_2、HCN 等有毒有害气体，它们与一定体积空气混合后极易燃易爆。当遇到明火可发生爆炸与火灾，为防止此类事故发生和保护下水道养护人员操作安全，对有此危害的管道在检查井上设置通风管或在适宜地点设置通气井予以通风，以确保管道通风换气。

10. 进水口

它是利用各种方式收集各种雨污水进入排水管渠的一种构筑物，其方式有下列几种类型：

（1）对于污水与合流管道，一般采用污水池和户线管来收集零星分散的日常生活污水和工业废水排入排水管道。

（2）对于雨水与合流管道有两种收集方式。

1）集中式进水口：多设于地势低洼汇水集中、进水量大的地区或明渠水流进入排水管渠处。

2）分散式进水口：用于人口稠密的城镇，尤其在市中心地区，以减少雨水在地面径流时间，避免出现滞水现象。它是雨水管道上重要的始端设置，是排泄城市街道雨水的进水构筑物。雨水口设置地点、数量、形式、间距要根据街道汇水面积、地点、流量大小、街道重要性而定。一般雨水口设置在街道汇水处及交叉路口处，避免设在停车站、街道分水点、地下管道上部。一般雨水口间距为30~50m、深度为100~150cm。雨水口类型有单箅、双箅、多箅。按其形式区分有平箅式、道牙式、联合式。其适用范围如下：

平箅式：一般街道宽阔平坦，地势较高，水量分散且较小的地区，如图2-9所示。

偏沟式：一般街道狭窄，地势平坦，路拱较大，路缘水流较深的地段，多采用此种形式，如图2-10所示。

联合式：在街道低洼，地势变化较大，水量集中且较大的地区比较适用，如图2-11所示。

一般雨水口泄水能力为20~50L/s，而联合多箅式雨水口可达50~60L/s。

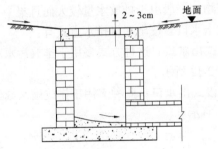

图2-9 平箅式雨水口

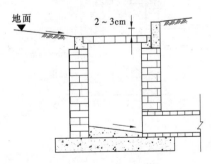

图2-10 偏沟式雨水口

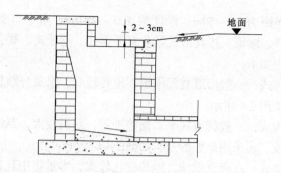

图 2-11 联合式雨水口

11. 出水口

它是把集中起来的雨污水通过管道输送或处理后排放进入受纳水体的构筑物，一般由于排放水量较大而且集中，因此大多数都采用集中式出水口。按出水口排水方式有：

（1）淹没式出水口：这种方式多用于排放污水和经混合稀释的污水，如图 2-12 所示。

（2）非淹没式出水口：此种多用于排放雨水或经过处理的污水，如图 2-13 所示。

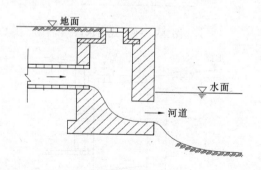

图 2-12 淹没式出水口

其位置应设置在城市水体下游，并且有消能防冲刷措施。在构造形式上，一般为一字式和八字式，由端墙、翼墙、护坡、海墁组成，如图 2-14 和图 2-15 所示。

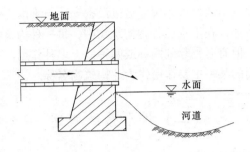

图 2-13　非淹没式出水口

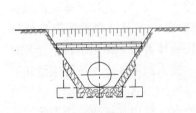

图 2-14　一字式出水口

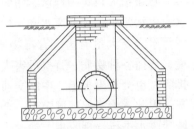

图 2-15　八字式出水口

12. 抽水泵站

当管道的上游水头低、下游水头高时，为使上游低水头改变成下游高水头，需要在变水头的部位加设抽水泵站，采用人为的方法提高管道中的水位高度。抽水泵站一般可分为雨水泵站、污水泵站与合流泵站三类，由以下部分组成：

(1) 泵房建筑：设泵站的地点，泵房的建筑结构形式。

(2) 进水设施：包括格栅和集水池。

(3) 抽水设备：

1) 水泵：水泵型号、流量、扬程、功率，它应满足上游来水所需抽升水量和抽升高度的要求。

2) 电动机：电动机功率应稍大于水泵轴功率，其大小要相互适应。

(4) 管道设施：进水管道、出水管道和安全排水口。

(5) 电器设备：包括电器线路启、制动运行控制系统。

(6) 起重吊装设备：用以适应设备安装与维修工作需要。

综上所述，在下水道各种构筑物中，每一种构筑物至少起到一种作用，但有时也起到两种或两种以上多种作用。一般我们把起多种作用的某一主要作用作为此构筑物名称。

（二）排水系统概述

1. 排水系统作用

在城镇人口集中地区，每时每刻都产生着大量废水。这些废水有生活污水、工业废水和天然雨水。其中，尤以工业废水和生活污水含有大量有害、有毒物质和多种细菌，严重污染自然环境，传播各种疾病，直接危害人民身体健康。而雨水若不能及时排除，也会淹没街道，中断交通，使人们不能正常进行生活和生产。因此，为了保证城镇有一个良好的生活和生产环境，必须对城镇废水进行合理收集、输送、处理、利用和排放。担当此项任务的就是城镇排水系统，统称排水工程或下水道工程。

排水工程是城市建设的重要基础设施之一。解放后，特别是改革开放以来，随着城市和工业建设的迅速发展，城市排水工程建设也有了很大发展。以北京为例，解放初期，全市仅有 220km 旧沟渠，而且年久失修，坍塌淤塞，不能正常使用。经过 40 余年建设，至 20 世纪 90 年代中期已建成了完整的城市排水系统，管网长度达 2887km。随着排水工程建设的发展，逐步形成与其相适应的一支下水道养护专业队伍，为开展下水道养护技术与科学管理工作奠定了基础。

2. 排水系统体制与选择

根据废水水质情况，采用一个管渠系统或两个与两个以上管渠系统排除废水的方式，称为排水系统体制（简称排水体制）。一般有下列两种排水体制：

（1）合流制排水体制

将所有各种废水，即生活污水、工业废水和雨水混合在同一管渠内排除。早期城市排水系统多为合流制。这种系统的混合污水一般仅作简单的处理，或不加处理直接排入外界水体。中小城镇中生活污水与工业废水量较小而雨水量较大，且当河道稀释能力较大，对环境污染影响较小时，可采用此种排水体制，如图2-16所示。

图 2-16 合流制排水体制

（2）分流制排水体制

1）完全分流制：按污水性质，采用两个各自独立的排水管渠系统进行排除。生活污水与工业废水流经同一管渠系统，经过处理，排入外界水体；而雨水流经另一管渠系统，直接排入外界水体。新建大中城市多采用完全分流排水体制，如图2-17所示。

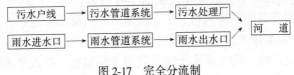

图 2-17 完全分流制

2）不完全分流制：完全分流制具有污水排水系统和雨水排水系统，而不完全分流只具有污水排水系统，未建完整雨水排水系统。雨水沿天然地面、街道边沟、原有沟渠排泄，或者为了补充原有雨水渠道输水能力的不足而建部分雨水管道，待城市进一步发展完善后，再修建雨水排水系统，变成完全分流制，如图2-18所示。

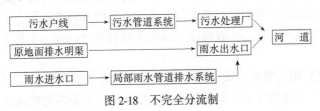

图 2-18 不完全分流制

综上所述，合理地选择排水系统体制，以满足环境保护需要，是城市建设的重要问题，它直接影响排水系统设计、施工、养护与管理工作。因此，应当根据城镇与工矿企业发展规划、环境保护、地形现状、原有排水工程设施、污水水质与水量、自然气候与受纳水体等因素，在满足环境卫生条件下，进行技术经济比较，综合考虑确定。对城镇的不同地区可采用不同排水体制，新建地区原则上采用分流制。

3. 排水系统的组成与布置原则

（1）排水系统的组成

1）城市污水排水设施：包括室内污水管道、室外污水管道设施、污水处理厂、排放水体的出水口及事故排出口。其中室外污水管道设施既包括庭院和街道污水管道，也包括管道设施上的附属构筑物，如：检查井、跌水井、倒虹吸、通风管、污水泵站等。

2）工业废水排水设施：包括车间内部管道、厂区生产污水排水管道及其附属构筑物、工业废水工厂内部预处理站等。

3）雨水排水设施：包括房屋建筑物的雨水管道、街道或厂区雨水支户线、街道雨水干线及其附属构筑物、排入水体的出水口等。

（2）排水系统布置原则

1）污水管道：污水管道的布置形式要根据地形、排水体制、工程与水文地质、工厂和各种建筑物分布状况，城市发展和其他管线工程关系诸因素综合考虑，最好把污水干管埋设在次要街道或靠近人行道和绿地的地方，以利于施工和日常养护工作的开展而较小地影响交通，同时污水干管应与街道居民区的污水支线和污水来源结合起来进行考虑与布置，并且污水管道要有一个适宜的合理埋置深度，一般情况下污水干管埋深 3~6m、支管 2~4m 为宜。

2）雨水管渠：城市排除雨水可采用地下管沟和地上明渠方式。对于建筑密集，交通复杂，卫生标准与安全要求较高的市中心地区和主要街道上,应采用地下管沟排除雨水,在城市边缘地带和干旱少雨地区为了节约投资,采用明渠比较适宜。

3) 城市排水系统与综合管线工程:城市排水系统一般有两种形式,即地面明渠排水和地下管沟排水系统,以此构成整个地区排水系统工程。然而,从城市工业生产发展与人民生活需要出发,城市中还敷设诸多各种地下管道和地上线路工程,因此根据各种不同作用管线所承担的任务,必须将城市排水系统及各种管线系统进行综合布置,统筹安排,以求达到技术、经济和使用三者统一的目的,据此将城市管线工程分述如下:

①管线工程内容

a. 按照管线工程性质和用途的不同,大体有以下几类:

铁路:包括铁路线、车站、桥涵、地下铁道等。

道路:包括市区街道、公路、桥涵等。

给水管道:包括工业给水、生活用水管道等。

排水管道:包括工业废水、生活污水、雨水管道和排水明渠。

电力线路:包括高压输电、生产生活用电、电车用电线路等。

电信线路:包括市内电话、长途电话、广播和有线电视线路等。

热力管道:包括热气、热水管道等。

燃料管道:包括煤气、天然气、石油液化气管道等。

地下人防线路:如防空洞等。

其他局部专用管道。

b. 按照管线敷设形式可分为:

地面敷设:如铁路、道路、明渠等。

地下埋设:如给水、排水、燃料、热力、电信、电力等管线,大部分都埋设在地下,同时根据覆土深度不同,地下管线又可分为深埋和浅埋两类,划分深埋和浅埋主要决定于:

管线所能承受的允许最大荷载、使用和安全上的要求。

有水管道和含有水分管道在寒冷情况下是否怕冻。

土壤冰冻的最大深度。

因此一般深埋,是指管道覆土深度大于1.5m,如给水、排水、燃料管道等。一般埋深小于1.5m属于浅埋,如电力、电信管线不受冰冻影响,可埋设较浅。

地上架空敷设:目前仍有大部分电力和电信管线在地面上架空敷设,此法比较简便、经济、利于维修养护工作。

②管线工程布置一般原则

a.平面布置

各种管线应采用统一坐标系统来控制地点、方向、位置,便于确定相互关系。

各种管线根据使用、养护和安全等方面需要,尽量布置在道路一侧、次要干道和人行道上。

各种管线走向应与街道方向平行一致,避免或减少各种管线交叉现象,如图2-19所示。

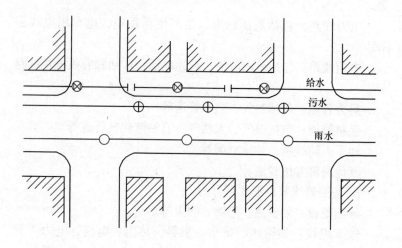

图2-19 平面布置

各种管线相互最小水平净距一般规定如表2-1所示。

各种管线相互最小水平净距（m） 表2-1

管线名称	建筑物	给 水	排 水	燃 料	热 力	电 信	电 力
建筑物		3	3	3	3	1	1
给 水	3		1.5	1	1.5	1	0.5
排 水	3	1.5		1	1.5	1	0.5
燃 料	3	1	1			2	1
热 力	3	1	1			1	2
电 信	1	1	1	2	1		0.5
电 力	1	0.5	0.5	1	2	0.5	

b. 竖向布置

根据管线性质对于有危害性和埋设较深的管道，距建筑物应较远些，并采用统一标高来控制埋深状况，一般布置层次如表2-2所示。

布置层次（m） 表2-2

管道名称	电 力	电 信	热 力	燃 料	给 水	雨 水	污 水
埋深范围	0.8~1.2	1~1.5	1.2~1.8	1.5~2	1.5~2.5	1.8~4	2~6

布置形式如图2-20所示。

c. 管线交叉布置

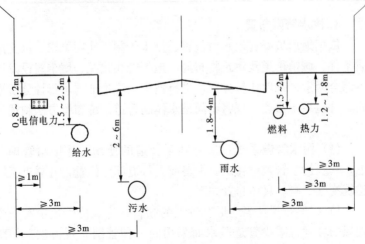

图2-20 地下管线竖向布置图

51

当各种管线相互穿越时，管线交叉要按具体实际情况来解决，一般交叉管线布置原则是：

a) 没有建成的管线躲让已建成的管线。

b) 临时管线让永久的管线。

c) 小管线让大管线。

d) 压力流管道让重力自流管道。

e) 可弯曲的管线让不易弯曲的管线。在此基础上，地下管线交叉时，应保持最小垂直净距，如表2-3所示。

各种管线交叉最小垂直净距（m） 表2-3

净距\上部管线\下部管线	给水	排水	热力	燃料	电信	电力	明渠（沟底）	涵洞（基底）	铁路（轨底）
给　　水	0.1	0.1	0.1	0.1	0.15	0.2	0.5	0.15	1
排　　水	0.1	0.1	0.1	0.1	0.15	0.2	0.5	0.15	1
热　　力	0.1	0.1		0.1	0.15	0.2	0.5	0.15	1
燃　　料	0.1	0.1	0.1	0.1	0.15	0.2	0.5	0.15	1
电　　信	0.1	0.1	0.1	0.1		0.15	0.5	0.2	1
电　　力	0.2	0.2	0.2	0.2	0.15		0.5	0.5	1

4．排水管网布置

依据地形坡降、出水口位置、排水体制、使用要求、水文地质条件、城镇街道及建筑物布局、地下管线状况、城市建设发展等综合因素，采取比较方案，进行技术经济论证与可行性分析来确定管道系统布置。现将不同排水体制管道系统布置方法叙述如下：

（1）污水管道系统：从有利于管道的使用、养护与管理考虑，一般污水管敷设在次要街道或人行道部分位置，并靠近工厂建筑物某一侧。具体布置如下：

1) 扇形布置：当地形有较大的倾斜，为保持管道中有一个理想的坡度，减少管道跌水而采用的一种管网布置方法。如图2-21所示。

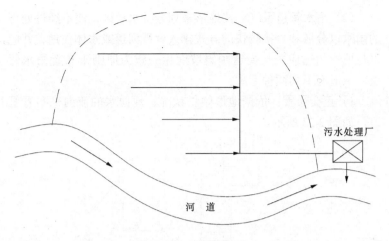

图 2-21 扇形布置

2) 分区布置：当地形高差相差很大，污水不能以重力流形式排至污水处理厂时，可分别在高地区和低地区布置管道，再应用跌水构筑物或抽水泵站将不同地区各系统管道联在一起，使全地区污水排至污水处理厂。如图 2-22 所示。

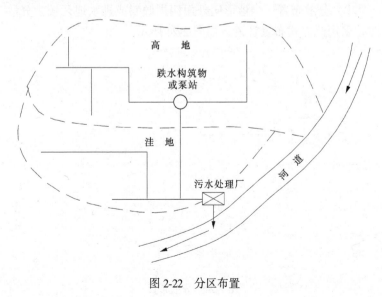

图 2-22 分区布置

(2) 雨水管道系统：按地形来划分排水地区，使不经过处理的雨水以分散和直接较快的方式排入就近河道或水体住地，并应以与地形相适应，与街道倾斜坡度相一致为原则来布置雨水管道。一般有下列两种形式：

1) 正交布置：依据地形倾斜状况、地面水的流向来布置管道，如图 2-23 所示。

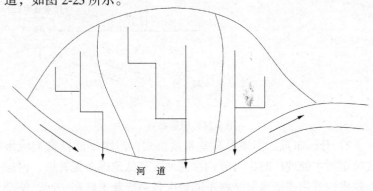

图 2-23 正交布置

2) 分散布置：当地形向外面四周倾斜或排水地区较为分散时，采用此方式布置管道，如图 2-24 所示。

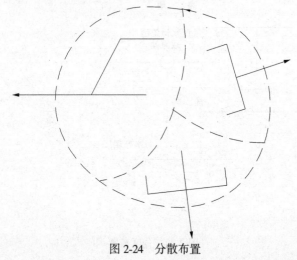

图 2-24 分散布置

(3) 合流制管道系统：在上中游用一条管道收集所有污水和雨水，在中下游末端修筑用于截流污水的管道，把日常污水输送至污水处理厂，在雨期时，将污水稀释到一定程度后的混合雨污水直接排入河道，如图2-25所示。

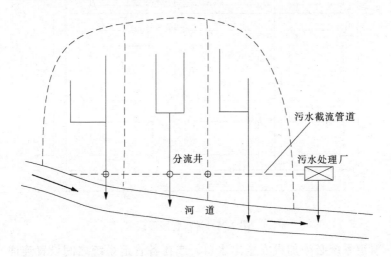

图2-25 截流布置

(4) 一般街道居民区排水管网布置：一般有三种形式，如图2-26所示。

1) 环绕式：此种布置管线长、投资大、不经济，但使用方便。

2) 贯穿式：此种形式使街道的发展受限制，一般用于已建成的街道居民区。

3) 低边式：管道布置在街坊最低一边街道上，街坊内污水流向低边污水管，充分利用地形现状，因此较容易布置又较经济，尤其在合流管道上得到广泛采用。

排水管道一般不采用环网状布置，一旦出现水量过大，超过管道排水负荷量或管道发生堵塞就会造成污水漫流，淹没街道，有碍环境卫生，影响交通，从而造成损失。因此在重要地区排水

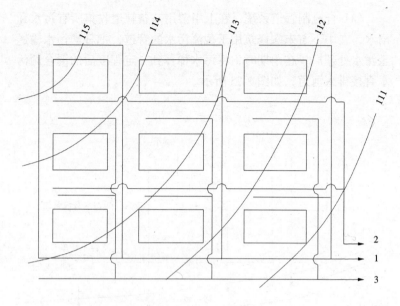

图 2-26 排水管网形式

管道系统必须加设安全出水口,或在各管道系统之间设置连通管,平时两条管道各自排水,一旦其中有一条管道系统发生故障时,水流可以从安全出水口或连通管排出,保证发生故障的管道系统能够正常排水。

5．排水设计一般原则

(1) 管道水力计算

1) 水体流动基本概念

①过水断面:在水流中,垂直于水流方向的水流横断面,称为过水断面。

②流量:单位时间内经过某一过水断面水体体积,称为流量,一般用符号 Q 来表示,其单位为 m^3/s 或 L/s。

③断面平均流速:在水体流动时,由于水体黏滞性以外各种阻力作用,过水断面上各点流速大小是不均匀的,为了实际应用,将水流质点空间或平面流动简化为一维流动,即总流过过水断面上各点流速的平均值,称为断面平均流速,一般用符号 V

表示，其单位为 m/s。

2）管道水力计算基本公式

管道系统中的水流，实际往往是不均匀流，为了简化计算，我们将管道按相同的断面、坡度分成若干区段，假设各区段中的水流都是均匀重力流，其计算基本公式如下：

$$Q = w \cdot v \qquad (2-1)$$

式中 Q——流量（m^3/s）；

w——有效过水断面面积（m^2）；

v——流速（m/s）。

（2）管线位置

排水管道一般是以重力自由流出式排水，因此要符合地形、地物的现状与水流的流向，并且满足使用上的要求。一般雨水管道埋设在街道中心部位，污水管道埋设在街道一侧。

管线应与地形地面坡降走向相一致，尽量避免或减少设置抽水泵站及其跌水构筑物。一般地面坡降与管道坡度有下列几种情况：

①地面坡降 I 等于管道坡度 i，这种情况最佳，挖土深度可达到最小。

②地面坡降 I 大于管道坡度 i，这种情况下，管道不得不采取较大坡度来适应此种地形，但到一定长度后管道将产生覆土深度过浅现象，需对管道修建跌水设施来解决。

③地面坡降 I 小于管道坡度 i，这种情况下，管道往往不得不采取较小坡度和较大管道断面来适应此种情况，但到一定长度后，挖土深度过大造成施工困难或受水文地质条件限制，难以敷设管道，又不得不加设抽水泵站设施予以解决。

④地面坡降 I 与管道坡度 i 相反向，这种情况最为不利，管道难以较长敷设，中途不得不增设许多抽水泵站。因此，此种管线敷设应当尽量避免或尽量缩短敷设长度（如 2-27 所示图）。

（3）管道断面

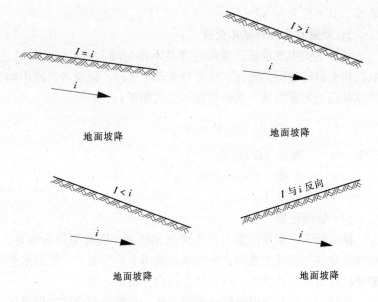

图 2-27 地面坡降与管道坡度

管道断面应满足以下三个条件，即：

1）排除该地区的雨、污水量

雨水迳流量的大小，主要取决于地区降雨强度及其地面汇水区域状况，对形成的生活污水量，它取决于该地区人口密度及其生活方式，而产生的工业废水，则取决于此地区的工厂生产产品状况等因素。

2）满足管道对坡度的要求

管渠中一般是重力流的水流形态，其流速大小取决于水流的水力坡降与过水断面的粗糙度。由于水力坡降大小由管道坡度来决定，而过水断面粗糙度是由管渠材料所决定，因此坡度大小反映着管道中心的流速大小，粗糙度仅影响着管道流速状况。为防止排水管道出现冲刷速度，最大允许流速：一般明渠 $V_{max} \leq 10m/s$、非金属管道 $V_{max} \leq 5m/s$、金属管道 $V_{max} < 10m/s$，并以此来确定管道的最大坡度值。

为了不使污水中可沉降悬浮固体颗粒沉淀淤积管道，须保证排水管道中有一个自净能力的允许最小流速,一般明渠 $V_{\min} \geqslant 0.4\mathrm{m/s}$、雨水与合流管道满流时 $V_{\min} \geqslant 0.75\mathrm{m/s}$、污水管道在设计充满度下 $V_{\min} \geqslant 0.6\mathrm{m/s}$,并以此来确定管道最小坡度值。

为了保持管道水流流速变化平稳,管道坡度变化要均匀,以使水流流速自上游向下游逐渐增大。管道坡度必须具有一个合理坡降。

3) 符合管道的充满度

管道充满度表示管道中水深(h)与管径断面尺寸(d)的比值,即充满度 = h/d。这就是说管道充满度的变化,反映着管道中水深的变化,它对管道中流量与流速大小有不同程度影响,这与过水断面大小和水流与管壁接触表面积的水流阻力大小的形成有关。

一般情况下,雨水与合流管道以满流来决定管道断面尺寸,而污水管道中的污水水量变化较大,为防止有可能在某一瞬间管内流量超过设计流量,同时为便于管道通风,有利于排除管道中有害气体,污水不允许在管道内充满,必须保留一个适宜的空间,这就是管道的充满度。

按照排水设计规范规定出各种不同管径断面污水充满度要求如表 2-4 所示。

各种不同管径断面污水充满度要求　　　　　　表 2-4

管径（mm）	150~300	400~500	600~900	≥1000
充满度（h/d）	0.6	0.7	0.75	0.8

(4) 管道埋深

排水管道埋深通常为 2~6m,如图 2-28 所示。从技术经济和使用角度出发,一般污水管道较雨水及合流管道埋深较大,不论何种排水管道埋深应符合下面四种情况:

1) 地形地势与水文地质状况

①地形地势:管道埋设要与管道所负担的排水区域内的地形地势相适应,避免管道埋置出现过深或过浅等不良现象。

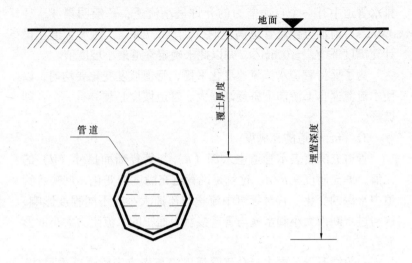

图 2-28

②地下水位与土质：管道埋设应尽量设置在地下水位以上和优良土层上，如在地下水位以下或不良土层埋置管道，必须有排水与降低地下水位和人工处理地基的措施。

③管道最小埋深：应满足管顶覆土厚度≥0.7m，管底可埋设在冰冻线以上0.15m。

2) 施工条件

对管道附近地面建筑物现状，以不影响安全为原则；管道埋深应大于各种地下管线的埋深或者以不互相冲突为原则；不得影响各种构筑物的设置与砌筑。

3) 施工方法

开槽施工埋深应尽量小些，以减小土方量；不开槽施工埋深可酌情加大。

4) 使用要求

上游水流排入管道对高程的要求；下游水流排出管道进入水体、沟渠、河道对高程的要求；能够抵抗地面荷载遭受到的破坏，并且同管道强度状况、地面荷载大小、荷载传递方式等方面相互适应。

因此，管道合理埋置深度，按上述条件必须从技术上、经济上、施工上和使用上等综合因素来确定。

（三）城市污水排除方法及标准

1. 污水成因与危害

（1）城市污水来源

在人口集中稠密的城镇，人们在日常生活和生产活动中，不断产生各种污水，如居民住宅、厂矿、医院、机关等排出的废水，以及自然降水等，如果不加以控制，直接排放到地面和水体中，则将使土地和水体如江、河、湖、海以及地下水受到严重污染，导致清洁的水资源匮乏，破坏了人类赖以生存的自然环境，直接危害人民的身体健康，影响工农业的生产发展。污水按其来源可分为三类：生活污水、工业废水、雨水。

（2）污水的成因与危害

1）生活污水：是指人们在日常生活过程中所产生的各种污水，主要来自居民住宅、工厂、商店、机关、学校、医院的厨房、厕所、浴室等生活设施。这些污水水质差别不大，但成分比较复杂，夹杂着细菌、有机物、无机物和悬浮物，这种污水如果不经过处理排入河道等水体中，必然污染着环境，传播病菌。如有机物中的蛋白质、脂肪、碳水化合物、尿素等逐步分解，使河水变色变臭，不仅水中生物难以生存，而且附近居民也难以安居乐业。

2）工业废水：是指在工业生产过程中所产生的污水，因此又可称为生产污水，它来自各行各业，如采矿、冶金、电力、石化、机电、建材、轻纺、医药、食品等。由于生产性质、工艺过程和原材料的不同，工业废水水质差别很大。冶金、电力业的冷却水，水温较高，冶金废水含有大量重金属；石油、食品业废水浓度较大，油脂较多；采矿、建材业废水含有大量悬浮杂质；轻纺业废水含有大量酸碱性有毒物；医药业废水含有大量细菌、有毒物以及放射性物质。总之，工业废水成分极其复杂，危害性也极大，直接威胁人类生存和自然生态环境。

3）雨水：是指受自然气候因素作用而产生的天空降水。这种降水较清洁，但降水面积大，时间虽然不长，但水量集中、流量很大，若不及时排除，常积水危害，会影响人们的正常生活和生产。雨水虽然较为清洁，但降落到地面，由于地面环境不同，也会造成不同程度的污染，例如雨水流夹杂大量泥砂和悬浮物排入水体，也会污染饮用水的水源。

2．水质状况分析、分类与治理

（1）水质状况分析

水体污染物质的分类：从污染物质的性质可分为化学性污染、物理性污染、生物性污染三大类别。

化学性污染物主要包括：酸、碱、盐类物质；有毒物质；需氧的污染物质；植物营养物质；油脂类物质。

物理性污染物主要包括：固体悬浮物质；热量；放射性物质。

生物性污染物主要指细菌、病毒、寄生虫卵等各种病原微生物。

（2）污水的分类与治理

1）按照污水来源与性质可分为生活污水、工业废水、和雨水三类。

①生活污水：生活污水是指人们日常生活过程中用过的水，其中含有较多的可降解的有机物，如蛋白质、动植物脂肪、碳水化合物、尿素、氨氮等，还会有肥皂和合成洗涤剂，以及在粪便中出现的病原微生物，如寄生虫卵和肠道传染病菌，因此，这类污水需要经过处理后才能排入水体，灌溉农田或利用。

②工业废水：工业废水是指在工业生产中所排出的废水，一般来自生产车间或矿场，由于各工矿企业的生产类别、工艺过程、使用的原材料及用水成分不同，使工业废水的水质变化很

大，某些工业废水在使用过程中受到轻度污染或热污染，如冷却水等通常经过简单处理即可重复使用或直接排入水体；而受到有毒有害物质较严重污染的水，具有很大危害性，必须经过适当处理才允许排入下水道或进入水体；工业废水的主要污染物的化学性质，可分为以下三类：

a) 主要含有机物：一般来自食品工业、炼油、石油化工等工业废水。

b) 主要含无机物：一般来自冶金、建材等工业的废水。

c) 同时含有机物和无机物：一般来自焦化化工、轻工等工业的废水。

实际上，一种工业可以排出几种不同性质的废水，而一种废水又会有不同污染物和污染效应。因此，在不同的工业企业，虽然产品、原料和工艺过程不同，也会有类似性质的废水。

③雨水：雨水是指地面上径流的降水，这类水比较清洁，一般无需经过人工处理可直接排入水体。但雨水径流量大，若不及时排泄，能使居民区、工矿、街道等遭受水淹，交通受阻，积水为害，是排水工程一项重要任务。

如上所述，城市污水一般指排入下水道系统的生活污水和工业废水，实际是一种混合污水，其性质变化很大，随着各种污水的混合比例和工业废水中污染物质的特性不同而异。污水量是以 L 和 m^3 来计量，单位时间的污水量称为污水流量，而污水中的污染物质的浓度，是指单位体积污水中所含污染物的数量，以 mg/L 或 g/m^3 计，用以表示水的污染程度。生活污水量和用水量相近处，所含污染物质的数量与成分也比较稳定。工业废水的水量和污染的浓度差别较大，它取决于工业生产性质和工艺过程而定。

2) 污水的治理：根据污水来源、污水性质、污水对生态环境污染的严重程度，按照不同水体对水质的要求与污水综合排放标准，分门别类将城市各类污水汇集起来，通过沟道输送系统，直接排放回归到自然水体或直接利用，或人工处理后，再排入水体或回收利用。

①污水的直接排放与利用：对于一般城市雨水和污水量较小、污染浓度较低，如主要为无毒有机物的生活污水，应考虑充分利用水体稀释方法与自然净化作用进行直接排放，最为经济节约；但这种直接排放方式，必须能被当地水体充分稀释与净化，基本上达到无危害程度才可采用。

②污水的处理与处置：凡不能直接排放进入自然水体的污水，都应进行适当程度的污水处理，其目的是用一定的方法把污水中所含的污染物分离出来，将其转化为无害物质，用人工方法使污水得到一定程度的净化。

城市污水处理程度主要污染物指标，一般用 BOD_5（五日生化需氧量）及 SS（悬浮物）来表示。

3. 城市污水处理

（1）城市污水处理原理

污水处理的目的是采用各种方法和技术将污水中污染物分离出来，转化为无害物质，使污水净化后再利用或排放，达到保护环境的目的。

在处理技术方面，按使用原理分为物理法、生物法和化学法三种。物理法是利用物理作用分离污水中呈悬浮固体状态的污染物，如沉淀、过滤、离心分离、蒸发结晶、反渗透等。化学法是利用化学反应来分离污水中各种污染物，如中和、混凝、电解、氧化还原、吸附、离子交换、萃取、汽提、电渗析等。生物法是利用微生物代谢作用，使污水去溶解胶体状态的有机污染物，并将其转化为无害无机物。按微生物作用原理，可分为好氧分解与厌氧分解两大类，而好氧分解反应常用于处理以生活污水为主的城市污水。

（2）污水处理流程

城市污水处理按照水质不同，处理程度也不同。污水处理系统一般可分为一级处理、二级处理、三级处理（深度处理）三种，现分述如下：

1）一级处理：只去除污水中呈悬浮状态的污染物，用物理方法处理就可达到此目的。物理法主要利用物理作用分离污水中呈悬浮状态的污染物质，在处理过程中不改变其化学性质。常用的处理构筑物是格栅、沉砂池去除颗粒比重较大的无机物，沉淀池去除颗粒比重比较小的物质。物理法处理水质主要指标及处理效果如表2-5所示。

物理处理水质主要指标及处理效果　　　　表2-5

主要指标	处理效果(%)	主要指标	处理效果(%)
悬浮物（SS）	50~55	蛔虫卵	70~85
五日生化需氧量（BOD_5）	25~30		

2）二级处理：主要较彻底去除污水中的悬浮物、胶体物和可溶性有机物。生物处理法是最常用且较经济有效的二级处理方法。一般多采用活性污泥方法，即利用活性污泥来处理污水。其处理构筑物称为曝气池，向曝气池中不断吹入空气，经一定时间，水中形成繁殖有大量好氧微生物的活性污泥。它是一种含水率颇高（一般在99%以上）处于疏松绒絮状态的污泥，其中繁殖着大量的微生物，微生物的种类随所处理污水的不同性质而异。活性污泥中的微生物具有吸附和氧化污水中有机物的能力，向池中吹入空气，保证水中有足够的溶解氧，使污泥能够和污水充分接触，吸附和氧化有机物，从而使污水得到净化。

二级处理后的污水，一般均能达到污水排放标准，处理后污水中残存的微生物所不能降解的有机物和氮、磷等营养盐，一般对水体危害不大，生化法处理污水水质的主要指标及处理效果如表2-6所示。

生化法处理污水水质的主要指标及处理效果　　　　表2-6

主要指标	处理效果(%)	主要指标	处理效果(%)
悬浮物（SS）	7~90	五日生化需氧量（BOD_5）	70~95

3）三级处理：污水深度处理，进一步去除污水中的悬浮物、

生化需氧量、氮、磷等营养盐类，以及某些非生物降解的有机物浓度等其他污染物质，以便将污水处理到中水或上水的水源程度，达到工业生产用水或城市日常生活用水（非饮用水）的水质要求。由于处理费用昂贵，一般很少采用，仅在个别地区水资源极端困乏的情况下才使用。

城市污水处理三级体制出水浓度如表2-7所示。

污水三级处理各级出水浓度值　　　　　表2-7

原污水组份	一般浓度（mg/L）				处理后出水浓度（mg/L）		
	溶解物	胶体	固体	总计	一级处理	二级处理	三级处理
悬浮物（SS）			200	200	90~120	20~60	<10
BOD_5	80	40	80	200	140~160	10~60	<3
磷（P）	9		1	10	—	—	<7

城市污水处理的三级体制如图2-29所示。

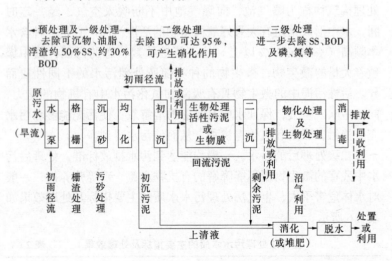

图2-29　城市污水处理的三级体制

经过一、二级处理的污水，可做为排放水体或灌溉土地之用；而二、三级处理的污水，可作为灌溉土地或重复使用之水源。

复习思考题

1. 水管道上必须有哪些主要构筑物，以及在排水工程上有何种作用？
2. 检查井和雨水口的类型，适用范围及其设置条件。
3. 说明城市排水系统的四大功能。
4. 排水体制是如何划分的？
5. 何谓排水体制，各种排水体制特征及其选择方法？
6. 各种排水系统主要组成情况。
7. 说明城市污水排放的原则及其途径。
8. 如何划分与选择城市排水体制？
9. 简述各种排水系统主要组成情况及其布置原则。
10. 扼要叙述城市主要地下管线种类、综合布置方法与排水管道设施位置、间距的一般规定。
11. 确定排水管线位置应考虑哪些因素？
12. 排水管道断面应满足哪些主要条件？
13. 各种污水来源及其特性。
14. 说明哪些污染是属于物理污染、化学污染和生物污染？
15. 简述污水的分类和水质污染程度，常用的检验项目有哪些？
16. 如何确定污水处理程度、处理体制、处理方法及基本原理？

三、下水道常用工程材料

（一）管道材料

作为下水道工程管材，应具有一定的强度、抗渗性、耐腐蚀性和良好的水力性能，从上述要求来看，城市排水管道材料常用的有混凝土管、钢筋混凝土管、陶土管及砖渠道，在特殊情况下采用金属管（钢、铸铁管）、预应力混凝土管、石棉水泥管等，一般这些管材的管口有三种基本形式，如图3-1、图3-2、图3-3所示。

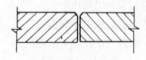

图3-1 平口式

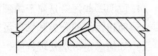

图3-2 立口式

1. 混凝土与钢筋混凝土管

一般适用于排除雨水、生活污水、工业废水的无压力流管道，但耐酸碱腐蚀性差，不适宜排除有严重酸（pH < 6）、碱（pH > 10）侵蚀性的工业废水。按其材料与所承受的荷载不同可分为混凝土管、普通钢筋混凝土管、重型钢筋混凝土管三种类型，混凝土强度等级一般为C28。以北京为例，对于混凝土管中较小管径 $\phi200mm$、$\phi300mm$、$\phi400mm$ 三种规格一般为无筋混凝土管材，它不能承受较大荷载，

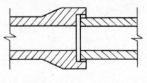

图3-3 承插口式

多数用在下水道户支线部位。但在 $\phi 500\text{mm}$ 以上管径均采用钢筋混凝土管，其中 $\phi 500 \sim \phi 1500\text{mm}$ 管径为单层钢筋，$\phi 1500 \sim \phi 1800\text{mm}$ 管径为双层钢筋，通常排水管道所使用的都属于普通钢筋混凝土管。为了适应顶管工程或穿越铁路与建筑物需要的排水管道，采取增大管壁厚度和增加钢筋用量制成重型钢筋混凝土管，使管材能承受更大的荷载力与施工顶力。

2. 陶土管

陶土管分为无釉、单面釉、双面釉三种。一般管内壁光滑，水流阻力小，不透水性强，能抗酸碱腐蚀，适用于排除具有腐蚀性的工业废水。但陶土管往往管径和长度较小（管径 $\leqslant 600\text{mm}$，长度 $\leqslant 1000\text{mm}$），并需要有较多接口，造价高、质地脆、抗弯折和抗拉强度小，不能用于有内压的管道和埋深大、地面活荷载大的土层地段。

3. 金属管、预应力钢筋混凝土管、石棉水泥管

这类管材造价较高，一般适用于内外压力较大，对抗渗要求特别高的压力管道。如雨污水泵站出水管或架空管道等。

4. 塑料管（PVC 管）

塑料管又称为硬聚氯乙烯管，管内壁光滑，粗糙系数 $n = 0.009$（混凝土管的粗糙系数 $n = 0.013 \sim 0.015$），能耐酸碱腐蚀、重量轻、抗渗性能好，目前适用于无压或低压排水管道。

5. 常用管材适用条件

现将一般常用管材性质与适用条件综合分析，如表 3-1 所示。

常用管材性质及适用条件　　　　表 3-1

管材种类	优点	缺点	适用条件
钢管及铸铁管	质地坚硬，抗压抗震性强。管节长，接口少	价格较高。耐酸碱性与防腐蚀性差	适用于内外高压或抗渗漏要求高的地段，如泵站进出水管，穿越铁路、河流、山谷等地段和架空管

续表

管材种类	优 点	缺 点	适用条件
陶土管	耐酸碱，抗腐蚀性强，便于制造	质脆、易碎、不能承受内压，管节短，接口多，管径小，一般≤600mm	适用于排除侵蚀性的污水或管外有侵蚀性地下水的自流管
砖砌体管沟	可砌筑各种形式断面，抗蚀性好，可就地取材	断面小于800mm时不易施工。施工工期长	适用大型断面下水道工程
混凝土及钢筋混凝土管	造价低，耗费钢材少。能预制和现场浇制，可根据不同内外压分别制造无压与低压、预应力管、以及重型管。可采用预制管，现场施工工期短	管节较短，接头多，大口径管重量大，不易搬运。易被酸碱性污水侵蚀破坏	混凝土管适用于管径小的无压管道。钢筋混凝土管适用于自流管、压力管，并能用于穿越铁路、河流及山谷地段
塑料管（PVC管）	管内壁光滑，粗糙度小，重量轻，耐酸碱，抗渗性好，施工方便	造价高于混凝土管，低于金属管	适用于有抗渗耐腐蚀要求的小型排水管道

6. 管材选择方法

（1）按污水性质选用管材，如表3-2所示。

污水性质与管材选用 表3-2

污水性质		管材选用
中性	pH=7	各种管材均可
弱碱性	pH=8~10	各种管材均可
强碱性	pH≥10	铸铁管、钢管、砖沟、塑料管
弱酸性	pH=5~6	陶土管、石棉水泥管、塑料管
强酸性	pH<5	陶土管、砖沟、塑料管

（2）按受压状况选用管材，如表3-3所示

受压状况与管材选用表　　　　　　表3-3

受压状况		管材选用
内压	无压自流管	一般采用混凝土管，钢筋混凝土管，陶土管或砖沟
	有压流管	按不同内压，分别采用混凝土管，预应力管，金属管或石棉水泥管
外压	穿越建筑物与铁路等障碍物	可采用重型钢筋混凝土管，金属管等

（3）按特殊情况或抗渗要求选用管材

当管道穿越防空洞、河道、沟渠等地段一般选用钢筋混凝土管、预应力混凝土管、金属管等。

（二）砌筑材料

1. 砖、石材料

砌体工程是以砖石做为骨架，用砂浆将其胶结在一起成为各种形式的砌体构筑物。而砖、石是一种比较经济的工程材料，并能满足一定要求的结构强度与几何形状，因此广泛地应用在排水工程中的各种构筑物，如沟道系统、检查井、雨水口、进出水口设施、泵房建筑物等，现分述如下：

（1）砖材

按原料与制造工艺不同，一般可分为烧结普通砖、工业废料砖、水泥砖等，根据构筑物性质来选用。

1）烧结普通砖

黏土砖是以黏土为主要原料，经过成型、干燥、煅烧而成，按其制造工艺有机制与手工制，颜色有青红两种。优良的烧结普通砖，外形棱角整齐、无裂缝、质地结实、深浅适度、吸水量小、强度高、敲打发出清脆声音。

规格尺寸：240mm×115mm×53mm。

适用于一般砌体工程，如中小型排水工程的构筑物。

2）工业废料砖

一般以工业废料为主要原料，掺入各种掺合料，经压制蒸养而成。

例如，灰砂砖：以石灰和砂为原料，经坯料压制成型，饱和蒸养而成，其抗折性差。

焦渣砖：以焦渣与石灰混合压制成型，吸水性大，抗冻性差。

矿渣砖：以高炉矿渣与石灰拌合压制成型，容量较大。

粉煤灰砖：以粉煤灰、焦渣、石灰混合压制成型，吸水性大。

规格尺寸：240mm×115mm×53mm。

不宜用于排水工程构造物，但宜用于干燥条件下，小型构造物中不承重的不重要部位和附属工程。

3）水泥砖

以水泥为结合料，砾石与砂为粗细骨料，经与水拌合浇筑成型并养护而成，其强度大，但成本高。

规格尺寸：一般有两种，即 500mm×500mm×100mm，和 400mm×400mm×75mm。

适用于铺砌地面，河道沟渠砌护和排水工程构筑物。

(2) 石料

石料具有较高的强度（抗压，抗折）、耐久性、抗冻性、抗腐蚀性，可因地制宜，就地取材而广泛用于砌筑基础、墙体和水工建筑物。

一般砌筑石料有毛石、粗料石、细料石，现分述如下：

1）毛石（块石）

由人工或爆破而开采出来的石头，外形不规则，一般每块尺寸长度 30~40cm、厚度 15~20cm、重量约 20~30kg，常用于建筑物基础，挡土墙等构筑物。

2）粗料石

形状比毛石整齐,将毛石加工成六面体,表面及底面较平整,常用在进出水口、涵洞、护坡、挡土墙等部位。

3) 细料石

六面有棱角,最低要求是表面外露部位成直角,表面平整,用于装饰构筑物外观表面。

2. 胶结材料

(1) 石灰

石灰是一种气硬性胶结材料,是由石灰石和白云石煅烧而成,其化学反应式如下:

$$CaCO_3 \xrightarrow{900℃} CaO + CO_2 \uparrow$$

石灰石主要成分是碳酸钙($CaCO_3$),而生成的生石灰主要成分是氧化钙(CaO)。为了加速分解过程,煅烧温度常提高至1000~1100℃,生石灰是白色或灰色块状物,因原料中多少含有一些碳酸镁($MgCO_3$),因此生石灰中还有次要成分氧化镁(MgO)。氧化镁含量低于7%的称为钙石灰,氧化镁含量高于7%的称镁石灰。钙石灰消解迅速,发热量低,煅烧过度或不透的钙石灰消解缓慢,按遇水消解速度的快慢来分石灰熟化可分为:

快熟化石灰——熟化速度在10min以内

中熟化石灰——熟化速度在10~30min以内

慢熟化石灰——熟化速度在30min以上

生石灰遇水后发热熟化,放出热量同时体积膨胀为原来的1.5~3.5倍,这就是生石灰的消解。消解后的石灰叫消石灰或熟石灰,其主要成分为氢氧化钙,它的化学反应式如下:

$$CaO + H_2O \longrightarrow Ca(OH)_2 + 65kJ/g$$

每立方米熟石灰用生石灰数量为400~600kg。

熟石灰的硬化,主要是由两部分作用的结果,即:

结晶作用:游离水分蒸发作用,$Ca(OH)_2$ 逐渐从饱和溶液中结晶出来。

碳化作用：Ca(OH)$_2$ 与空气中的 CO$_2$ 合成碳酸钙结晶，释放出水分并蒸发掉。

因此石灰硬化速度与空气中 CO$_2$ 气体和溶解于空气中的水分所形成的碳酸含量有关，一般在高温干湿交替环境硬化的较快，低温潮湿环境硬化的较慢。石灰结合料硬化后温度稳定，抗压强度大，抗折耐冻性差，通常用于各种构筑物基础和非承重干燥条件下的砖石砌体胶结材料。

(2) 水泥

水泥是一种水硬性无机胶结材料，由石灰石和黏土等原料适当配合制成生料，经过煅烧后的硬块成为熟料，再掺入 2%~5%的石膏，通过球磨机磨细即成水泥。

1) 水泥种类

水泥品种是以硅酸钙为主要成分的硅酸盐水泥熟料中所掺加的混合材料而定，掺加混合材料目的是为了改善硅酸盐水泥某些技术性能，并调节强度、增加品种、提高产量、综合利用工业废料及地方材料，达到降低成本目的。

掺加的混合料有活性与非活性之分，活性混合料含有活性氧化物，是具有水硬性的材料，如石灰、火山灰、粒化高炉矿渣等；非活性混合料是不具有水硬性的材料，仅起填充作用的矿物材料，如石灰石、石英砂、黏土、炉渣等。我国规定生产水泥品种的主要技术性能和适用范围如表 3-4 所示。

水泥品种主要性能与适用范围 表 3-4

水泥品种 性能与适用情况	硅酸盐水泥 普通水泥	矿渣水泥	火山灰水泥 粉煤灰水泥
混合材料掺量（%）	无或允许掺入 15% 以下活性与 10% 以下非活性混合料	掺加 20%~70% 粒化高炉渣	掺加 20%~50% 火山灰质混合料；掺加 20%~40% 粉煤灰混合料

续表

水泥品种 性能与适用情况	硅酸盐水泥 普通水泥	矿渣水泥	火山灰水泥 粉煤灰水泥
外观颜色	灰三色	灰黑色	土红色、灰黑色
相对密度	3~3.2	2.8~3	2.8~3
凝结时间	快	较慢	较慢
水化热	高	低	低
抗硫酸盐耐腐蚀性	差	较好	较好
抗冻性	好	差	较差
干缩率	小	较大	火山灰大,粉煤灰小
保水性	较好	差	好
蒸养适应性	较差	好	较差
强度等级划分	硅酸盐：42.5、52.5、62.5；普通：27.5、32.5、42.5、52.5、62.5	27.5、32.5、42.5、52.5	27.5、32.5、42.5、52.5
温度状况	早期高；硬化快；后期强度增长小	早期低；后期强度增长大	同矿渣水泥
适用范围	适用于一般土建工程,地上、地下不受水压作用的工程。不宜用在大体积混凝土受化学侵蚀的工程	可用于一般地下与水中混凝土工程。不宜用于早期要求强度高或有抗渗要求的工程	用于一般地下水中大体积混凝土工程

2) 水泥的技术性质

75

①密度与重力密度

水泥的密度与矿物组成，熟料煅烧程度及储存状况有关，一般为 $3 \sim 3.2 \text{g/cm}^3$。

水泥的重力密度除了与矿物组成，磨细度及储存状况有关外，主要取决于水泥紧密程度，松散时为 $10000 \sim 11000 \text{kN/m}^3$，紧密时可达 16000kN/m^3，一般计算时采用 13000kN/m^3。

上述性质，一般作为判别水泥品质状况与计算水泥数量的依据。

②细度

水泥与水反应，首先从水泥颗粒表面开始，以后才逐渐深入颗粒内部，水泥颗粒愈细，则颗粒表面积愈大，水化反应愈快也愈充分，而且凝结硬化愈大，因此水泥粉的磨细度对水泥性质有很大影响，但也愈容易吸收空气中的水分而预先水化，使其储存时活性下降过快，增加工艺难度，提高制造工艺成本。因此现行国家标准规定细度为经过 0.08mm 方式筛，筛余量不得超过 15%，要求水泥颗粒表面积是 $2500 \sim 3500 \text{cm}^2/\text{g}$。

③凝结时间

水泥凝结时可分为初凝和终凝。

初凝：指水泥加水拌合时起至水泥浆开始失去可塑性（即完全失去流动性），一般为 45min。

终凝：从水泥加水拌合时起至水泥浆完全失去可塑性（即开始成为一定固体形状），此时开始增长强度时间一般不超过 12h。

上述凝结时间是为了保证施工工艺操作的需要。

④体积安定性

水泥在凝结硬化过程中，体积变化的均匀性质称为体积安定性。影响水泥安定性主要因素是水泥中的游离氧化钙（CaO）、氧化镁（MgO）、硫酐（SO_3）的含量，若含量过大会致使硬化的水泥浆体开裂。

水泥安定性试验采用试饼蒸煮法，即我国规定以标准稠度水泥放在玻璃上，轻轻振动扩散成直径 $7 \sim 8 \text{cm}$，中心厚度 1cm 的试饼，放在标准养生箱内养生1昼夜，再将试饼放入煮箱内煮沸4h，冷却后检查试饼有无裂纹、弯曲等不良现象。

⑤强度

强度是水泥最重要的技术性质之一，同一种水泥其硬化后强度主要取决于水灰比，水泥强度等级就是以强度情况来划分的，同一水泥采用不同的测试方法所得到的水泥强度值也不同。按我国现行采用新标准软练法试验，即灰砂重量比为1∶25，而水灰比依水泥品种来选定，硅酸盐、普通、矿渣水泥为0.44、火山灰水泥为0.46，并与一定量水拌合做成试饼尺寸为4cm×4cm×16cm的试块，经标准养护（温度20℃，相对湿度90%以上）28天，进行抗压、抗折强度试验，其中28天抗压强度值（MPa）即为水泥强度等级。通常一般水泥强度等级有27.5，32.5，42.5，52.5，62.5五种。

3）常用水泥品种、强度等级和使用情况如表3-5所示

常用水泥品种、强度等级、使用情况　　　表3-5

水泥品种 \ 水泥强度使用情况	27.5 MPa	32.5 MPa	>42.5 MPa
普通硅酸盐水泥：一般工程	用于不重要的混凝土构件、基础、圬工砌体	用于一般混凝土构件和承重砌体构筑物	用于重要承重混凝土构件和预应力混凝土工程
矿渣水泥：潮湿环境条件			
火山灰水泥：水中混凝土工程			

4）水泥掺合剂

为了达到改善水泥某些物理力学性能，加快施工进度，节约水泥的目的，在水泥中掺入一定量的化学或矿物材料物质称为水泥掺合剂。按其性质一般可分为促凝剂、塑化剂、加气剂、缓凝

剂等。

①促凝剂

使水泥加速凝结，提早硬化而发挥出强度，一般有氧化钙、氧化钠、水玻璃、苏打、碳酸钾、石膏、硫酸钠、三乙醇胺等。其中包括：

速凝剂：一般常用氯化钙、氯化钠，可以加速水泥凝结。同时也是一种防冻剂，氯盐用量一般为水泥重的1%~3%，其强度的增长3天可提高100%、7天可提高20%、28天可提高10%，但掺合量不宜过多，否则水泥凝结过快会引起裂纹和强度降低，并对钢筋有腐蚀作用。

早强剂：为克服氯盐缺点，采用三乙醇胺按一定比例与氯化钠、亚硝酸钠等掺配成复合早强剂，其3天强度可提高60%，水泥硬化时间缩短1/4~1/2。

②塑化剂

其作用是降低液体表面张力，增加水泥塑性及和易性，减少用水量，节约水泥，提高抗渗抗冻性等。塑化剂种类很多，有固态和液态，如亚硫酸盐纸浆废液、β—萘磺酸钠甲醛缩合物、食糖、硫化钠等，一般掺用量为水泥重量的0.2%~0.5%。

③加气剂

加气剂可以将水泥制成保湿、隔热、吸声材料，一般以松香酸钠做为加气剂或用松香及氢氧化钠配制，也可用合成洗涤剂（烷基磺酸钠），其掺加量为水泥重量的0.05‰~0.1‰。

④缓凝剂

其作用是为了延长水泥凝结时间，调节凝结速度，满足施工要求。一般有糖密、木质磺酸钙、酒石酸、亚硫酸、酒精废液、腐殖酸、磷酸氢二钠等，都有缓凝作用。一般掺入量为水泥重量的0.05%~0.5%，由试验来决定，它能使水泥延缓凝结时间数小时不等。

5) 水泥的贮存与保管

不同品种和强度等级的水泥不得混杂，应分别贮存与保管。

水泥应存放在通风干燥的地方，注意防潮、防水，即使在很好的条件下，水泥也会吸收空气中的水分和CO_2，使其表面缓慢水化硬结而降低强度。一般贮存3个月，其强度降低约12%~20%，半年降低15%~30%，一年以上降低约25%~40%。因此对于贮存时间较久和受潮水泥，必须根据实际情况酌情降低强度等级使用。对散装水泥要求先入库的水泥要先使用。对袋装水泥要求堆放高度不得超过10袋。

(3) 砂石材料

砂石材料一般做为圬工砌体和混凝土材料的骨料，来保证构筑物强度。现分述如下：

1) 砂

砂是岩石风化和人工粉碎而形成的一种松散材料，其粒径在0.05~5mm范围，一般做为细骨料和矿料混合料的填充料。

砂的品种、规格尺寸：

按砂子的形成有天然砂和人工砂两种，而天然砂有：

山砂——富有棱角，表面粗糙，与水泥有良好的粘结力，但含泥土和有机杂质较多，因此影响与水泥的结合能力。

海砂——表面圆滑，比较洁净，但常混有贝壳，而且含盐分较大，对砂浆强度有一定影响。

河砂——介于山砂与海砂之间，比较清洁，分布较广泛，因此在工程中一般得到广泛采用。

人工砂是由岩石人工轧碎而成，富有棱角，比较洁净，但是片状颗粒与石粉较多，成本高。

砂按平均粒径细度可分为粗、中、细三类。

2) 砾石和碎石

一般粒径大于5mm的石料称为粗骨料，常做为粗骨料的有天然砾石和人工碎石两种。天然砾石按产源分，有河砾石、海砾石和山砾石等。河砾石多是圆形，表面光滑，比较洁净，具有天然级配。而山砾石含有泥土杂质较多，使用前必须加工冲洗，因此河砾石最为常用。

碎石是将坚硬岩石轧碎而成，一般比天然砾石干净，但表面粗糙有棱角，与水泥浆黏结性较强，在水泥浆用量相同条件下，用碎石拌制的混凝土流动性较小。

石料的粒径规格尺寸及适用范围：

石料的粒径尺寸取决于结构部位对石料的使用要求。一般情况下，粗骨料粒径增大，在相同的重量条件下其总表面积小，如果大小颗粒搭配适当，则石料空隙率较小，水泥浆用量也会减小。然而石料粒径过大会给施工带来困难，使混凝土产生离析，形成强度不均匀性。一般石料最大粒径不得超过结构断面最小尺寸1/4，同时不得大于钢筋间最小净距的3/4，因此对石料的粒径尺寸及一般适用范围规定，如表3-6所示。

各种粒径石料适用范围　　　　　　　　　表3-6

砾、碎石粒径尺寸（mm）	适 用 范 围
30~70	一般透水性基础垫层，地下排水设施
5~32	可做透水性材料，较大体积混凝土材料
5~20	较薄、小体积混凝土材料
5~12	薄度混凝土材料

复 习 思 考 题

1. 说明下水道常用管材的种类、规格及适用范围。
2. 叙述水泥强度的划分法。
3. 简述排水工程中的水泥、石灰、砂、砾石等常用材料的种类、性能、规格及适用范围。
4. 水泥如何贮存与保管。

四、混凝土与砌体工程

(一) 混凝土工程

混凝土是由砾石（碎石）、砂、水泥和水按一定比例混合拌制而成，它具有良好的流动性与可塑性，可按要求浇筑成任何形状尺寸的物体，并且按照不同用途与部位可得到不同强度状况的结构物，因此在排水工程中得到广泛的应用。

1. 混凝土的性能

(1) 混凝土的强度

强度是混凝土硬化后的最重要的力学性能，是指混凝土抵抗压、拉、弯、剪等应力的能力，在各种强度中，以抗压强度为最大、抗拉强度最小（一般只有抗压强度 $\frac{1}{12} \sim \frac{1}{8}$），通常以混凝土强度等级来表示混凝土抗压强度值，即混凝土混合料以标准方法制成 15cm×15cm×15cm 试块，在标准养护条件下（温度为20℃，相对湿度90%以上）28天的抗压极限强度值，并以此混凝土抗压极限强度来划分混凝土强度等级，常用的混凝土强度等级有 10、15、20、25、30、40、50、60 等。现将混凝土强度等级与现行采用混凝土强度等级标准换算关系列于表4-1所示。

混凝土标号与混凝土等级换算表　　　　表4-1

混凝土标号（MPa）	10	15	20	25	30	40	50	60
混凝土等级（N/mm²）	C8	C13	C18	C23	C28	C38	C48	C58

混凝土强度等级的选择，决定于排水工程构筑物各结构部位的重要程度、受力情况与使用要求，一般各结构部位常用的混凝土等级如表4-2所示。

结构部位常用的混凝土等级表　　　表4-2

结 构 部 位	混 凝 土 等 级
预应力混凝土构件	C28～C48
梁拱断面，混凝土管	C23～C38
板柱结构，受水流冲刷部位	C18～C28
管道，构筑物基础部位	C8～C23

影响混凝土强度因素有水泥强度与水灰比、材料组成配比、施工工艺与养护情况等，现分述如下：

1）混凝土强度与水泥强度和水灰比

水泥强度愈高、水灰比愈小，则混凝土强度愈大。水灰比的大小反映着水泥浆的稠稀程度。一般地说，在水泥浆用量为一定条件下增大水灰比，水泥浆就会变稀，从而降低水泥浆的粘合性，减小水泥颗粒间的内摩擦力，因而增大混凝土流动性，直接决定着混凝土的密实度和影响着混凝土强度与耐久性。因此混凝土的水灰比和水泥用量与混凝土所处的环境恶劣程度有关。

2）混凝土强度与材料组成和配比

混凝土强度由水泥、水、细骨料、粗骨料等材料技术性能的优劣程度及它们之间相互关系状况而定。混凝土材料配比直接影响混凝土强度，好的组成材料与配比所得到的混凝土强度就大，反之则小。

3）混凝土强度与施工工艺和条件

混凝土拌制均匀度、运输方式与距离、灌筑方法、捣实（机械与人工）成型密实状况等均影响混凝土强度，一般均匀密实的混凝土强度好。

4）混凝土强度与养护

成型后的混凝土硬化是逐渐进行的,其强度在适宜温度(15~25℃)与湿度(90%以上)条件下才能不断提高这种硬化过程,这种过程快慢决定于养护方法与时间(龄期)的长短,在正常硬化条件下混凝土强度大致与龄期对数成正比。

(2) 混凝土的和易性

混凝土的和易性就是混凝土未凝结前是否适宜于施工操作的性能。是指在一定的施工条件下,混凝土容易拌合均匀,运输过程不易分层离析,灌筑时易于捣实,成型能达到良好的程度,硬化后能获得均匀密实的混凝土的一种综合性能。它要求新拌制的混凝土除了具有足够的流动性外,还要求具有良好的黏聚性和保水性。混凝土依照和易性要求不同,可分为塑性混凝土和干硬性混凝土。

(3) 混凝土的耐久性

混凝土除有一定的设计强度与施工操作的和易性外,还应根据使用状况具有经久耐用性能,因此决定混凝土使用寿命的是混凝土的耐久性。它包括抗渗性、抗冻性、抗腐蚀性、抗热性、抗体积变化性(温度感应性)等。如受水压作用的混凝土,就应具有抗渗性;与水接触并遭受冻害的混凝土,要求具有抗水性与抗冻性;经常处于水流冲刷的构筑物,要求混凝土具有较高的耐磨性;遭受酸碱性污水与气体侵蚀作用的混凝土,要求具有抗蚀性;暴露在大气中的混凝土,由于气候变化须具有抗风化性能;处于高温环境中的混凝土就要具有较好的耐热性,上述情况统称为混凝土的耐久性。但是混凝土构筑物所处的环境不同,使用条件不同,故所应具有的各种性能是不同的,要求程度也不一致,但总的来说,影响混凝土耐久性主要决定于组成材料的状况及混凝土的密实度。因此对提高混凝土耐久性的主要措施有:

1) 混凝土的组成材料的性能应符合要求。
2) 根据工程所处的环境条件合理选用水泥品种。
3) 适当控制水灰比及水泥用量。

4) 选用较好的砂石材料及其良好的级配。
5) 选择适宜的外掺剂提高混凝土的耐久性。
6) 正确的施工操作方法，提高混凝土密实度。

2. 混凝土的材料配合比

混凝土配合比应根据工程性质与使用的需要必须满足以下各项要求：

(1) 应保证混凝土能达到结构设计强度。
(2) 满足施工操作上对混凝土和易性的要求。
(3) 合理使用材料，节约水泥。
(4) 符合对混凝土耐久性的设计要求。

3. 混凝土的施工与养护工作

(1) 混凝土施工

混凝土施工全部工艺过程是根据混凝土配合比，确保混凝土均匀密实度，达到混凝土设计强度与耐久性的要求。它的操作工序大致有拌制、运输、灌筑、捣实成型等方面，现分述如下：

1) 拌制

拌合是使水分均匀分布于水泥、砂、卵石的颗粒表面，拌合充分能增加混凝土的和易性和胶结能力，是保证混凝土均匀性的关键工序，否则会降低混凝土质量。拌合用水要用清洁干净的天然水，不得含有影响水泥正常凝结与硬化的有害物质（如杂质、油质等），污水、pH 值 < 4 及硫酸盐含量超过水重 1% 的水均不宜使用。拌合时应按规定的水灰比严格控制水量，因为拌合水中仅一小部分水分与水泥发生水化作用，其余大部分水都是为了满足混凝土施工操作上的和易性要求，因此多余的游离水分所占据的混凝土空间在水分蒸发后就形成为微空隙，对混凝土强度有很大影响。所以拌合用水从理论上讲愈少愈好，但水量过小，混凝土不易拌合均匀和捣实，反而造成大量空隙，故此拌合时必须有一定的水量。混凝土拌制可分为人工拌合和搅拌机拌合两种，分述如下：

人工拌合：先将水泥与砂子拌 1~2 遍，再掺加卵石干拌

2~3遍，初步均匀后逐渐加水进行湿拌，直到拌合均匀，颜色一致，粗细骨料、水泥和水无分离现象为止。

机械拌合：先将卵石倒入搅拌机内，再倾入水泥和砂子，搅拌20~30s，搅拌机筒装料数量不得超过规定容量，再加水湿拌，一般搅拌2~3min。

不论采用哪种拌合方式，首先都要严格控制水泥、砂、石、水的用量，达到拌合均匀、颜色一致、没有离析现象，每拌合一次通常称为"一盘"，每盘都应检查混凝土的均匀性与和易性，出现不正常变化应立即进行调整。初凝后的混凝土不可重新拌合使用。

2）运输

新拌制的混凝土应立即运送到施工现场进行灌筑，此时间不得超过混凝土初凝时间，具体规定如下：

当施工温度为20~30℃时，不得超过1h。

当施工温度为10~19℃时，不得超过1.5h。

当施工温度为4~9℃时，不得超过2h。

运输混凝土方式按设备条件与施工现场组织设计而定，其方式有手推车、斗车、汽车、溜槽。混凝土泵和输运带等各种设备，不论以何种方式方法在水平与垂直运输混凝土过程中都必须保持混凝土的均匀性，不得有离析、泌水、砂浆流失现象，若发生此种情况应进行补拌，严重时应重新拌合。

3）灌筑

在混凝土灌筑前，应事先对灌筑混凝土部位进行技术质量检查，如模板、支架、钢筋、预埋件等与规定的位置尺寸是否相符，牢固程度是否合格。混凝土灌筑应连续进行，保持混凝土均匀不发生离析现象，随灌随捣实，每次灌筑厚度以能够捣实为准，其规定如表4-3所示。

自拌合好混凝土到灌筑捣实应在1h内完成，如果不能连续灌筑时，应尽量缩短间歇时间，其最长不超过2h，并在混凝土终凝以前全部完成。

灌筑层厚度表 表4-3

捣实方法	结构部位	灌筑层厚度（cm）
插入式振动		振动器作用部分长度的1.25倍
表面振动	无筋、少筋混凝土	25
	密筋混凝土	20
人工捣实	无筋、少筋混凝土	25
	密筋混凝土	15

若混凝土不能一次连续灌筑，采用间歇灌筑方法时，在每次快停止灌筑时，要预做榫头、插入石片、钢筋等做为接榫，其外露部分应为预做榫头全部长度的40%。对有防水要求的混凝土，在每次快停止灌筑时，应用2mm钢板插入20cm，外露20cm，与下次灌筑混凝土连接。间歇灌筑混凝土，待前层混凝土具有一定强度（大于1.2MPa），才允许连续灌筑次层混凝土。

灌筑工作中断后再接着灌筑新层混凝土时，对硬化的前层混凝土表面进行如下处理：

将前层混凝土表面用钢丝刷刷毛或凿毛。

将前层混凝土表面软弱层消除并外露坚实层。

将前层混凝土表面清洗干净。

将前层混凝土表面接触面上铺一层1.3~2cm水泥砂浆。

新灌筑混凝土应仔细捣实，使新旧混凝土很好结合，不得将前层破坏。

重要部位承重构件混凝土（如梁和板）应尽量连续灌筑，不得留有施工接缝。

4）捣实成型

混凝土灌筑后应立即进行振动工作，其振动方法按灌筑混凝土体积形状而定，对于大体积较厚（大于40cm）混凝土，一般应使用插入式振动器由混凝土内部进行捣实，通常振动有效范围大约为40~70cm，有效深度为30~50cm。对于大面积较薄的混凝土（厚度<25cm），一般应使用附着式振动器，由混凝土表面

施加振动进行捣实。如构件较厚,可两侧表面同时振捣,一般振动时间为 20~30s。

对于少量混凝土可采用人工捣固方式,即可利用捣固铲、捣固锤、捣固杆等进行捣实。

无论采用何种捣实方法,混凝土都要捣实到均匀密实的标准,防止漏捣、振动不足等现象,捣实程度以混凝土表面成水平面并不再有显著气泡与下沉现象为宜。灌筑混凝土边角部分填满,捣实成型工作在混凝土凝结前应结束。

(2) 混凝土养护与拆模工作

1) 混凝土的养护

为保证混凝土有一个适宜的温湿度硬化环境条件(正常标准养护环境条件为温度 $20\pm5℃$,相对湿度 $>90\%$)防止产生不正常收缩,应对混凝土加以覆盖,尤其是刚灌筑的混凝土强度增长很快,以后随时间推移逐渐变慢,因此加强初期养护尤其重要,也是保证混凝土质量优劣的关键之一。在自然养护情况下,混凝土强度增长快慢取决于气温高低,气温高混凝土强度增长快。龄期愈长混凝土强度愈大,一般龄期可分为 3 天、7 天、14 天、21 天、28 天等。

为了防止混凝土中水分散失过快,保持潮湿环境,一般采用湿砂、喷雾、洒水、薄膜等方法进行潮湿养护。为加速水泥水化反应、缩短硬化龄期、提高混凝土强度增长速度,一般采用蒸汽、温水、电热等方法进行高温养护,在这方面可使用测定混凝土强度增长的仪器设备(如回弹仪等),试块试压和经验判断混凝土强度状况,即通过外观混凝土表面颜色变化和棱角软硬程度与养护天数来判断。

2) 拆模工作

混凝土达到一定强度后,方可进行拆模工作,拆模时间最好根据试验来确定,也可按气温条件来判断确定,如表 4-4 所示。

对于承重结构按要求进行拆膜,模板支架拆除标准如下:

拆模时间与温度关系表　　　　表 4-4

昼夜平均温度（℃）	最早拆模时间（h）
5	60
10	48
20	24
>30	12

不承重的侧面模板 > 混凝土设计强度 25%；

不重要的部位承重侧面垂直模板 > 混凝土设计强度 35%；

一般承重构件 > 混凝土设计强度 70%；

大跨度、重要承重构件（如梁、拱类、板）混凝土达到设计强度的 100%。

（二）砌体工程

1. 砌筑砂浆

（1）概述

砂浆是由胶结材料（水泥、石灰等）、细骨料（砂、细矿渣、炉渣等）和水按适当比例均匀拌合而成的混合料。它与混凝土的区别只是砂浆中不含粗骨料，因此有关混凝土的稠度与强度等概念也适用于砂浆。

1）砂浆按胶结材料的组成可分为以下三类

①用石灰做胶结材料的称为石灰砂浆。

②用水泥做胶结材料的称为水泥砂浆。

③用水泥、石灰做胶结材料的称为混合砂浆。

2）砂浆按在砌体内作用的不同可分为如下

①砌筑砂浆

用于填充砖石面的缝隙，并且对砖石粗糙的表面起平整作用，使水泥浆得以渗入砖石内空隙中，待砂浆硬化后将砖石粘结成整体，致使荷载从上层砖石均匀地传递分布到下层砖石层。

②勾缝、抹面砂浆

用于对构筑物进行装饰和保护，如防蚀、防潮、防水、防磨损和隔声等作用。

(2) 砂浆的技术性质

砂浆的技术性质主要决定于组成材料的性质、密实程度、配合比例、硬化条件和龄期长短等。砂浆拌合物应具有一定的施工和易性，硬化后应有一定的粘结力与强度，并要求体积变化小而且有均匀性。

1) 和易性

和易性好的砂浆在砌体表面上能摊铺成为均匀的薄层，并能使上下层之间砖石很好的胶结成为整体，硬化后使砌体具有一定强度，并且在运输与砌筑过程中不易产生分层析水现象，因此砂浆和易性的优劣决定于它的流动性与保水性。现分述如下：

①流动性

流动性亦称稠度，流动性好的砂浆能均匀填垫砌体不平整的表面与缝隙。流动性大小用砂浆稠度仪来测定，通常以标准圆锥在砂浆内沉入深度值（cm）来表示。如图 4-1 所示。

砂浆流动性由下列因素决定：加水量大、胶结材料多、砂子颗粒圆滑、空隙率小、搅拌方法的不同、拌合时间长，均都能使流动性增大。

②保水性

砂浆保水性就是保存水分的能力。保水性差的砂浆在拌合运输、施工过程中，砂浆离析的程度大，很快会变硬，给操作带来困难，甚至造成砌体强度的降低。保水性好的砂浆在砌筑时水分损失慢，能保持良好的和易性，使砌体胶结缝隙均匀密实，增加砌体之间黏结力与强度。为了使砂浆具有良好的保水性，可掺入一定量的无机和有机塑化剂，一般为水泥重量的 0.2‰～0.5‰。

2) 强度

砂浆硬化以后主要的性质表现为强度与粘结力。现分述如下：

①强度

以砂浆强度等级来反映砂浆强度大小,按规定制成 7.07cm×7.07cm×7.07cm 试件,在标准养护条件下(温度为 20℃,相对湿度 90%以上)28 天后的极限抗压强度值(MPa)。排水工程一般常用的砂浆强度为 5 级、7.5 级、10 级、15 级、20 级等级别。对于砖石砌体经常浸水部位,宜用水泥砂浆砌筑。一般砌筑混凝土制成品所用的砂浆强度,不应低于混凝土强度的一半;砖、石、混凝土预制块砌体使用砂浆最低强度,如表 4-5 所示。

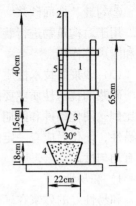

图 4-1 稠度试验
1—支架;2—锥杆;
3—锥头;4—砂块
试件;5—锥入刻度盘

②粘结力

砂浆和砌体材料表面的粘结力随砂浆强度的增大而加大,高强度砂浆粘结力一般较大。这种粘结力决定于砂浆本身抗拉强度,砂浆与砌体材料附着力的大小以及砌体材料表面的潮湿程度。一般情况下,砂浆在潮湿环境条件下有利于水泥的硬化与强度的增长,因此大于干燥条件下的粘结力。

砌体砂浆使用表　　　　表 4-5

构筑物类别		砂浆(MPa)	
		砌筑	勾抹
沟道井室等构筑物	大中型	≥7.5 级	≥10 级
	中小型	≥5 级	≥7.5 级
构筑物基础部位	大中型	≥5 级	≥5 级
	中小型	≥2.5 级	

2. 砂浆的配制

砂浆的强度取决于砂浆配合比。砂浆配合比与所用胶结材料的品种、强度、用量、砂浆粗细、掺合料种类及掺量有关,因此砂浆的组成材料，对圬工砌体强度和工程造价有很大影响。在确保砌体强度条件下，合理选择原材料与砂浆配合比，降低用水量具有重要的经济意义。

(1) 配制砂浆基本材料

1) 结合料

水泥、石灰、其他地方性结合料。

2) 粒料

粒径为 0.15~5mm 的天然砂、砂渣、石屑等。

3) 水

除含有油脂、糖、酸碱性的污水外，一般为清洁地面与地下水均可用，其 pH 值为 4~10。

4) 外掺剂：为了改善砂浆的和易性和凝结时间，在配制砂浆时可在其中掺加适量的塑化剂、促凝剂等各种外掺剂。

(2) 砂浆配合比

砂浆要根据工程类别及砌体部位的设计要求来选择砂浆的强度等级，再按所要求的砂浆强度等级确定其配合比。

确定砂浆配合比，一般情况可以查阅有关手册或资料来选择。如需计算，应先确定水泥和砂的用量，然后再行计算。

复 习 思 考 题

1. 简要说明下水道工程主要构筑物中的混凝土与砖石砌体工程一般所采用的材料品种、强度等级及其配比方法。

2. 混凝土在拌制、运输、灌筑、成型、养护及拆模等各项工作中都有哪些要点？

3. 简述砂浆的技术性质。

五、下水道维修施工基本知识

（一）开槽施工法

1. 沟槽土方工程

（1）沟槽断面

根据管径、挖深、地下水位、土质、地上地下建筑物状况，确定挖槽断面时，既要考虑到施工便利与安全，又要考虑到尽量少挖土方与少占地为原则，一般有下列三种常用的基本的沟槽断面形式。

1）直槽

一般用于土层坚实、土质良好、挖深较浅，管径较小的支户线管道，如图 5-1 所示。

$$B = D + 2T \tag{5-1}$$

式中　B——槽底宽度；

　　　D——管外径；

　　　T——工作宽度。

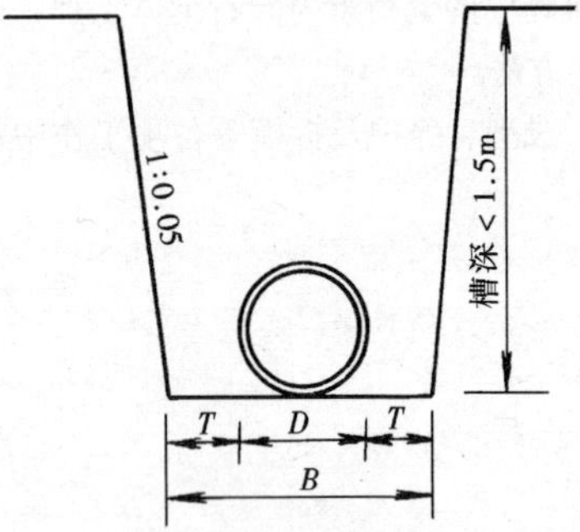

其中 $T = 0.4 \sim 0.8$m，按管径大小和管材种类具体状况而定。

2）大开槽

多用于施工环境条件好，一般支次干线管道的开挖断面，如图5-2所示。

3）多层槽

通常用于挖深较大，埋

图 5-1　直槽

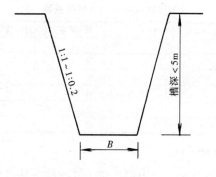

图 5-2 大开槽

设主次干线管道的深槽断面,如图5-3所示。

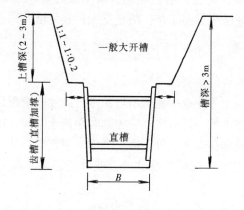

图 5-3 多层槽

关于开槽槽帮坡度,一般情况下,按土质状况规定出大开槽的槽帮坡度值如表 5-1 所示。此表适宜在土质良好,无地下水的条件下采用。

(2) 挖槽工作

1) 准备工作

事先了解清楚地上、地下建筑物情况,做到位置准确,构造清楚,加固防范措施具体。同时做好现场施工组织工作,如堆土、堆料、行人车辆行驶,施工作业场地范围等。

土质状况与开槽放坡关系表　　　　　　表 5-1

土 质 状 况	槽 帮 坡 度（高：宽）	
	槽深 < 3m	槽深 3 ~ 5m
砂 土	1:0.75	1:1
亚砂土	1:0.5	1:0.67
亚黏土	1:0.33	1:0.5
黏 土	1:0.25	1:0.33
干黄土	1:0.20	1:0.25

2）沟槽开挖

一般自下游开始，向上游推进，其挖槽方法可分为机械挖槽（如挖掘机、反铲等机械）和人工挖槽。不论何种挖槽方式，都应严格掌握槽底高程，防止超挖；雨期做好排水工作，防止泡槽；冬期做好槽底保温工作，防止受冻；避免槽底原土层结构被扰动破坏。

3）沟槽支撑

①支撑的目的与要求

支撑是以土方作业中保持槽坡稳定，或加固槽帮后有利于以后工序安全施工的一种方法。它为临时性挡土结构，由木材或钢材做成，一般是在以下条件下需要考虑采用支撑办法。即：

a. 受场地限制挖槽不能放坡，或管道埋设较深，放坡开槽土方量很大；

b. 遇到软弱土质土层或地下水位高，容易引起塌方地段；

c. 采用明沟排水施工，土质为粉砂土遇水形成流砂没有撑板加固槽帮无法挖槽地段；

d. 沟槽附近有地上地下建筑物和较重车辆行驶的情况，应予保护的部位。

e. 支撑的沟槽应满足以下要求，即：牢固可靠，用料节省，便于支设与拆除，不影响以后工序的安全操作。

②沟槽支撑结构形式

单板撑：通常用于土质状况良好，土体较稳定的单槽。这是为了预防土体受到意外较大的破坏力，如沟槽旁边堆土堆物过

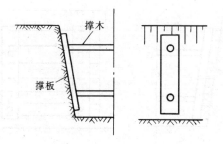

图 5-4 单板撑

重,附近有重车行驶通行,局部土层松软等情况所采用的一种加固沟槽安全措施。如图 5-4 所示。

井字撑:一般情况下土质较好,土体也稳定,但受外界影响土体不稳定因素较大,如施工处于雨期或融冻季节,施工期间晾槽时间较长,施工工作面要求较大沟槽,单槽开挖较深等,多用于大开槽情况下需要加固沟槽的一种形式。如图 5-5 所示。

稀撑:在土质较复杂、土层均匀性差、土体稳定性不好、施工季节不利、施工期较长、施工现场条件复杂情况下、沟槽必须进行支撑时,一般采用此种形式。如图 5-6 所示。

密撑:一般适用于土质不良、土层松软、土体不稳定、沟槽深、槽帮坡度陡、地下水位高或有流砂现象、施工季节不利、施工期长、施工现场复杂等情况,沟槽不支撑根本不能施工时,一

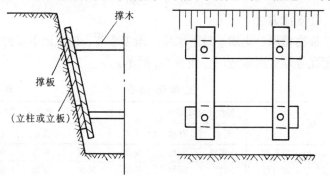

图 5-5 井字撑

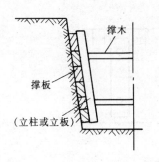
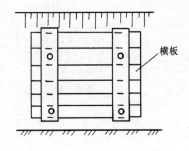

图 5-6 稀撑

般也采用此种支撑形式。有横板密撑和立板密撑两种类型。当采用此种形式支撑时,应事先对撑板与撑木的负荷量进行核算后,方可进行支撑工作。如图 5-7 所示。

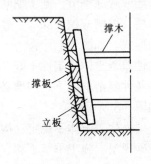
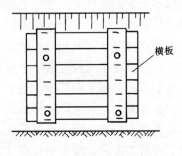

图 5-7 密撑

③支撑方法

根据槽深、土质、地下水位、施工季节、地上地下各种建筑物情况等综合因素选用,如表 5-2 所示。

支 撑 选 用 表　　　　　　　　　表 5-2

项 目	黏性土密实填土		砂 性 土		砂砾土、炉渣土	
	无水	有水	无水	有水	无水	有水
第一层支撑直槽	单板撑	井撑	稀撑	密撑	稀撑	密撑
第二层支撑直槽	井撑	稀撑	稀撑	密撑	密撑	密撑

注:表中第一二层直槽指多层槽的二三槽。

应支撑的沟槽，随开槽随支撑，雨期施工应缩短工作线，不得留空槽过夜。不论何种形式支撑，一般撑板材料为5~6cm厚的木板，立木或横木材料为15cm×15cm断面的方木，撑木一般采用圆撑木时，其小头直径为10~15cm。撑板、立木与撑木相互联结牢固，其联结点应设置托木支承用扒钉钉牢，并达到横平竖直。如图5-8所示。

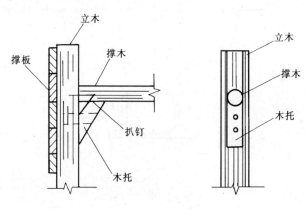

图5-8 支撑连接图

④倒撑与拆撑方法

倒撑：原有支撑因外力作用产生变形与松动或妨碍下道工序操作时，需要更换立木或横木的位置，称为倒撑。在需要倒撑处，须支撑好新支撑后再拆除旧支撑，不允许先拆后支或同时一起进行。倒撑时应一处一处有顺序进行倒撑。

拆撑：应自下而上，以一端开始顺序逐层依次拆除，随拆随还土。逐层依次顺序拆除有危险时，必须采用倒撑或其他可靠安全措施后，才允许进行拆撑工作。

(3) 沟槽还土

还土工作必须保证管道及构筑物不被损坏，达到规定的密实程度。

1) 回填土质良好，含水量适宜，不得有碎砖块、硬土块、冻土块和烂泥腐殖土等。

2) 胸腔部分，构筑物四周应同时回填，管顶以上50cm以内应采用轻型夯，如木夯、板夯等进行夯实。

3) 回填土密实度要求，如图5-9所示。

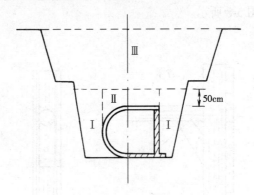

图 5-9 回填沟槽
胸腔Ⅰ部分填土为90%；
管顶Ⅱ部分50cm以内为85%；
管顶半米以上至地面Ⅲ部分为95%。

胸腔部位Ⅰ：回填土重量一部分是由管道来承受，如果管道两侧胸腔部位回填土密实，使管道四周受力均匀，可以减少管顶部的垂直土压力而加大管道承受土压力的能力，因此对胸腔部位回填土的相对密实度要求不应小于90%。

结构顶部Ⅱ：若在管顶50cm以内部位的土层要求达到较大的密实度，就必然使用较重的夯压机具，而这类机具所产生的振动力、冲击力和压力对于一般管道构筑物是难以承受的，极易产生变形和位移而遭受损坏。为了避免这种不良情况的发生，对此部位土壤密实度的要求将减小，但是为了不使上部土基层产生较大的沉降变形，具有较相对的稳定性，所以一般相对密实度要求应大于85%。

土基部分Ⅲ：一般土基相对密实度应在 90%～95% 范围，其值按土基层距地面深度而定。若土基层直接做为路床来修筑路面，其土基层相对密实度应大于 95%；如果修筑高等级路面，对其土基层相对密实度要求在 98% 以上。

回填土施工操作要求回填土土质均匀良好，不得有硬土块和烂泥腐殖土，并具有最佳含水量，以利于夯压，较快达到要求的密实度标准。现场鉴别土壤具有最佳含水量的办法是，用手握土有潮湿感并成团状，用手压土团即破碎散开，此时的含水量为土壤的最佳含水量。

2. 管道施工

（1）管道基础

管道基础的种类有多种形式，各种类型的选择必须依照对管道渗漏要求、管径大小、管道埋深、管道位置、地下水位和地基土质土层状况而定，一般常用的管道基础有下列五种类型：

1）弧型素土基础：用于无地下水侵害，土质均匀坚实稳定，埋深较浅的支线雨水管道。

2）灰土基础：用于无地下水侵害，而土质较松软的支线雨水、合流管道。

3）砂砾垫层基础：用于有地下水侵害，而土层较弱，但土质稳定的支线雨水、合流管道。

4）混凝土枕基础：用于无地下水侵害，土层均可稳定的支线或次干线雨水、合流管道。

5）混凝土基础：用于有地下水侵害，埋深较大，土质软弱程度不一致，需进行闭水试验的污水管道或主次干线雨水、合流管道，并有以下三种形式基座，如图 5-10 所示。

管道基础的类型按其力学特性即抵抗变形能力与刚度大小可分为如下三种：

①柔性基础：抵抗变形能力小、刚度小的基础，如素土基础，砂砾层基础等。

②刚性基础：抵抗变形能力大、刚度大的基础，如混凝土基

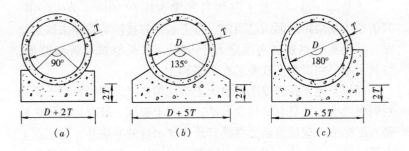

图 5-10 管道基础
(a) 90°管基；(b) 135°管基；(c) 180°管基

础。

③半刚性基础：其性能是介于柔性与刚性基础之间的一种基础，如灰土基础，枕基础等。

管道基础类型选择的原则：通常决定于管道构筑物的力学性能和地基的坚实稳定程度，分述如下：

管道构筑物的力学性能，即柔刚性程度，取决于管道材料结构及其管道接口方法，一般有三种，即：

柔性管材 + 柔性接口 = 柔性管道

刚性管材 + 柔性接口 = 半刚性管道

刚性管材 + 刚性接口 = 刚性管道

通常排水管道所采用的混凝土和钢筋混凝土管属于刚性，一般管道接口采取水泥砂浆抹管带也为刚性接口，因此大多数排水管道属于刚性管道。这种管道力学性能是要求管道构筑物许可的沉降变形较小，所以一般多采用混凝土基础或枕基础，才能满足管道要求。

管道构筑物的地基情况：管道性能、基础性能与地基坚固有着直接相互联系，问题是管道构筑物荷载在位于管道上部回填土与管道两侧胸腔的回填土之间，因土壤内部摩擦力及黏聚力作用，沟槽不同部位回填土会产生不均匀沉降，这种不均匀性决定于管道与基础的柔刚性程度以及地基的坚实稳定情况。

一般混凝土基础管道上部与两侧胸腔回填土相比较变形较小，管道基础上受到的单位荷重比回填土大，所受到的压力比管道上部土荷载大，而素土基础则相反。由于基础的性质不同，地基对基础的反力也不相同。

基础类型的选择除决定于地基承载力外，基础的基座形式也直接影响着上部管道构筑物所承受的压力，即抵抗外荷载能力的大小。平基座使其上部管道构筑物集中受力，弧形基座使其上部管道构筑物分散受力，弧形愈大所受力的分散与均匀程度愈大。

根据试验得知，管道在90°弧形基座上比平基座上可增加抗压强度两倍，在180°弧形基座上可增加到3倍而不遭到破坏。因此，基础类型除了取决于管道构筑物的力学性能与地基情况外，还有对管道使用条件、管道密闭性要求、地下水情况等，对管道排水、地下水污染和地基的强度与稳定均有较大影响，其影响程度决定于基础类型。

因此一般对于管径断面较小的支干线，地基坚固稳定、无地下水侵害、管道密闭性要求不高、不需进行闭水试验的管道，如雨水、合流管道一般采用素土、灰土、枕基础；对于管径断面较大的干管或主干管排水管道，有地下水侵害、地基较松软、管道有密闭性要求必须进行闭水试验，如污水、合流管道、雨水干管、主干管等一般采用混凝土基础。

地基处理工作：管道构筑物的地基承载力必须大于管道基础对地基所产生的压力。对管道基础要求是从管道使用条件、受力大小和结构强度状况出发，保证管道有一定的密闭性，不产生较大变形与不均匀沉降，管道结构所承受的外荷载能够有效均匀传递分布到地基中，这种外荷载大小决定于管道埋深与管径断面和管道位置。埋深与管径断面愈大，外荷载对管道基础产生的压力愈大，基础承载力愈大，而管道位置决定于地面上动、静荷载压力直接影响管道结构的外荷载大小，因此当地基强度的均匀性与稳定性的程度达不到基础传递给它的压力时，必须事先对地基进行人工处理，一般采用如下方法：

挖土法：槽底以下地基松软，承载力小，或局部地段地基坚硬，会产生管道不均匀沉降等情况时，可采用挖土法，一般处理深度小于0.8m。如有地下水，可采取满槽填挤块石或砂石等材料。

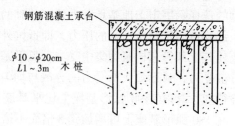

图5-11 短木桩地基

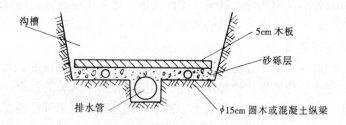

图5-12 木筏地基

砂桩处理法：遇有地基为粉砂、亚砂土和薄层砂质黏土，上层排水不利，有地下水侵害，下层有透水层时，使地基产生扰动不稳固，深度在0.8~2m范围，可采取砂桩挤密和排水，以提高地基承载力。砂桩一般用打入钢套管成孔，填入粗砂，边填砂、边捣实、边拔管。

短木桩处理法：对于地基松软不稳定的土层，可采用短木桩法挤压紧密土层，上面做钢筋混凝土承台来提高地基承载力，如图5-11所示。

木筏处理法：当地基处于流砂层，地下水侵害严重，地基不稳固，且承载力小，可采用此法得到较均匀的地基承载力，如图5-12所示。

地基承载力的确定：在现场一般采用轻便触探试验确定地基容许承载能力，如图5-13所示。

此设备主要由尖锥头、触探杆、穿心锤三部分组成。触探杆系 ϕ25mm 金属管，每根 1~1.5m，穿心锤重 10kg。试验时，穿心锤落距为 50cm，使其自由下落，将触探杆竖直打入土层中，每打入土层 30cm 的锤击数为 N，根据锤击数 N，估计判断地基容许承载力 [R] 值，如表 5-3 所示。

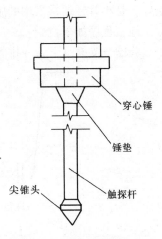

图 5-13 轻便触探试验设备

(2) 下管工作

一般黏土容许承载力 [R] (kPa)　　　表 5-3

轻便触探锤击数（N）	15	20	25	30
黏性土容许承载力 [R]	100	140	180	220

一般有两种方法，即吊车下管和人工下管。采用吊车下管时，事先应勘察现场，根据沟槽深度、土质、环境情况，确定吊车停放位置、地面上管材存放地点与沟槽内管材运输方式等；在人工下管方法中，有大绳和吊链下管两种。大绳下管方式中还有许多下管办法，一般小于 600mm 管径的浅槽通常采用压绳法下管，大管径的深槽下管应修筑马道。下管方法的选用应根据施工现场条件、管径大小、槽深浅程度和施工设备情况来决定。

(3) 管道敷设

1) 敷设管道方法一般有三种

① "四合一"施工法

把平基、安管、管座、抹带等几道工序合在一起连续不间断的施工，称为"四合一"施工法，这种方法速度快、周期短、质量好、是小管径通常采用的施工法。如图 5-14 所示。

施工程序如下：

验槽→支模→下管→排管→"四合一施工"→养护。

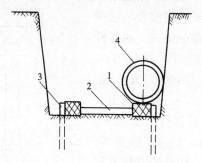

图 5-14　"四合一"施工支模排管图
1—15cm×15cm方木底模，应高于平基；2—方木底模之间临时支撑杆；3—铁杆固定方木位置；
4—排管，将管子顺序排在一侧方木模板上

"四合一"施工步骤：

当浇筑平基混凝土后，在平基上部进行稳管，以达到设计中线与高程的位置，并对齐管口，当管径小于 700mm 时不留空隙；管径大于 700mm 时，应留 10mm 管口空隙，以利于勾内缝。管子稳好以后，支搭管座模板，浇筑两侧管座混凝土，完成后立即抹管带，抹带与稳管要相隔 2~3 节管，防止相互扰动，随后勾捻内缝，管径在 600mm 以下的内勾缝，可采用拉灰法操作，即用麻袋球在管内来回拖动，将管口处砂浆抹平。

一般雨水、合流管支线为加速施工进度，均都采用"四合一"施工法。

②垫块施工法

在槽底，按设计中线与高程位置设置垫块，在垫块上安管，然后再浇筑混凝土基础和接口，称为垫块法。此种方法避免了平基与管座分开浇筑的弊端，它适用于大管径及各种接口的管道，尤其是污水管道。

施工程序如下：

预制混凝土垫块→安垫块→下管→在垫块上安管→支模板→浇筑混凝土基础→管子接口→养护。

垫块安管施工布置，如图5-15所示。

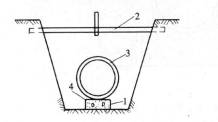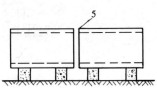

图5-15 垫块安管施工布置

1—垫块。由混凝土预制，长度为0.7倍管径，宽度与高度等于平基厚度；2—坡度板；3—管子；4—卡管子石块；5—管口间隙 管径大于700mm者为10mm

③平基施工法

先浇筑平基混凝土，达到一定强度后再下管、稳管、浇筑管座及抹管带接口的方法，称为平基法。此法适合于地基不良的沟槽，雨水管道用此法较多。

施工程序如下：

支平基模板→浇筑平基混凝土→下管→安管→支管座模板→浇筑管座混凝土→抹管带接口→养护。

平基安管施工工序情况，图5-16所示。

2）稳管

稳管的目的是把各节管道都稳定在设计中心线位置上，而对管道中心线的控制可采用边线法或中线法两种方式，分述如下：

①边线法

在管道边缘外侧挂线，边线高度与管中心高度一致，其位置距管壁外皮10mm为宜。

②中线法

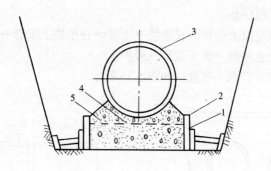

图 5-16 平基安管施工工序图
1—平基混凝土。在浇筑管座混凝土前应凿毛、刷净；
2—管座模板；3—管子。管子稳好后，用碎石卡牢；
4—底三角部分，选用同标号混凝土的软灰填塞；
5—管座混凝土。两侧同时浇筑

在管端部利用水平尺将中心板放平，然后用中垂线测量中心位置。如图 5-17 所示。

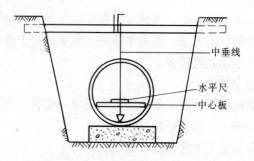

图 5-17 中垂线测量中心位置

上述稳管的管口间隙，管径大于 700mm 时，管口缝按 10mm 操作，以便勾内缝；管径在 600mm 以下时，不留间隙，不勾内缝。管内底高程与中心线允许标准偏差为 ±10mm。

3）管道接口处理

管道接口应当严密不漏水，不论是渗入或是渗出。如果渗入则降低了原管道排水能力，如果渗出将污染邻近水源，破坏土层结构，降低土壤承载力，造成管道或附近建筑物的沉陷。管道渗漏情况，决定于接口方式、方法、操作质量、牢固严密程度等。

①接口方式

平口式：多用于雨水管道。

企口式：有承插接口，套环接口。多用于污水管道或合流管道。

②接口方法

刚性接口（水泥砂浆接口）：适用于地基土质较好，强度一致的地段。

柔性接口（沥青玛琋脂接口）：适用于地基较软弱、沉陷不均匀的地段，常用的有石棉沥青卷材接口（又称"保罗林"）和沥青砂接口两种。

半刚性接口（有套环和环氧树脂接口等）：适用于软弱地基地段，可预防管道产生的纵向弯曲和错口。套环接口的套环与混凝土管间隙用水泥石棉灰填塞，如5-18所示。

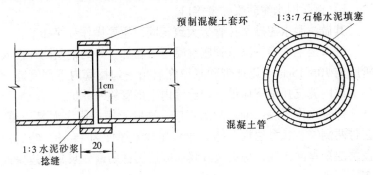

图5-18 半刚性接口

环氧树脂接口的方法是水泥用环氧树脂胶拌合成胶泥状来直接粘结混凝土管接口，所粘结的接口处应凿毛，有一个清洁干燥的表面。环氧树脂胶配制方法是环氧树脂：苯二甲酸二丁酯：乙二胺 = 1:0.15:0.08，施工气温大于10℃。

③刚性接口操作法

现将常用的几种管道刚性接口做法分述如下：

a）水泥砂浆抹带接口

抹带操作要点：抹带前将管口及管带处的管外皮洗刷干净，刷水泥浆一道。抹头遍砂浆，在表面刻划线槽，初凝后再抹两遍砂浆，用弧形抹子压光。带基相接处凿毛洗净，刷水泥浆，三角灰要座实。如图5-19所示。

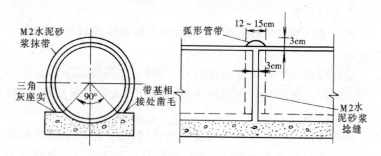

图5-19　90°混凝土基础水泥砂浆抹管带

b）钢丝网水泥砂浆抹带接口

其做法跟水泥砂浆抹管带大致相同，主要操作程序如下：

管口凿毛洗净→浇筑管座混凝土→将加工好的钢丝网片插入管座内10~15cm予以抹带砂浆填充肩角→勾捻管内下部管缝→勾上部内缝支托架→抹带→勾捻管内上部管缝→养护。

抹带操作要点：事先凿毛管口，洗刷干净并刷水泥浆一道，在带两侧安装弧形边模。抹头遍水泥砂浆厚度为15mm，然后铺设两层钢丝网包拢，待头遍砂浆初凝后再抹两遍砂浆并与边模板齐平压光。

c）现浇套环接口

工作程序如下：

先浇筑180°管基→相接管基面凿毛刷净→支搭接口模板→浇筑套环上面的混凝土→捻管内缝→养护。如图5-20所示。

d）承插管水泥砂浆接口

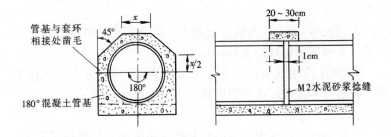

图 5-20 现浇套环接口

一般适合管径≤600mm 的接口，工作程序如下：

清洗管口→安头节管并在承口下部座满浆→安二节管、接口缝隙填满砂浆→清管内缝→接口养护。如图 5-21 所示。

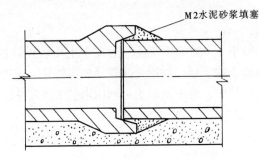

图 5-21 承插管水泥砂浆接口

（二）不开槽施工法

不开槽施工法是一种无沟槽敷设管道施工，一般常用顶压、盾构与浅埋暗挖三类施工方法。

1．顶压施工法

（1）适用范围

1）管道需要穿越铁路、道路、河流或重要建筑物等，不能开槽施工地段。

2）道路狭窄、两侧建筑物多、沟槽深、开槽施工会造成大量拆迁或交通量大、不能中断交通的地段。

3）管道埋深大、沟槽土方量大、劳力不足、缺少沟槽支撑材料、开槽施工困难的地段。

4）施工现场复杂、地面上建筑工程在平面作业点上互相干扰、没有开槽施工作业面的地段。

(2) 施工方法

一般是按照不同沟道断面与管径大小采用不同的施工方法，现分述如下：

1）中小管径断面（$D \leqslant 1000$mm）

可采用挤压法、拉管法、水平钻孔法等，这些方法均适宜敷设距离较短（一般小于30m）管道，具体方法可因不同条件而定，其中：

挤压法：

对于一般小于400mm管径，适宜于土质较松软的亚黏土、粉砂土、亚砂土的上层，利用金属管（如铸铁管、钢管等）将其直接挤压入土层中，管中的积土可利用水射法将其冲出管道，图5-22所示。

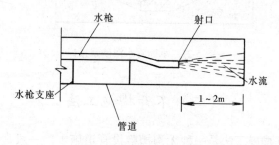

图5-22 水射法清除管道泥土

水枪一般采用50~75mm钢管制成，射水管口直径为10~15mm，水枪的射水方向应与管轴线一致，枪身下面可焊制几个等高支架，水枪射口高度宜在管中心偏下位置，为了不妨碍出土，枪身的位置宜稍高，故水枪前端可做成"之"字形弯，水枪射口距管子前端距离根据水压、土质和管径而定，一般为 1~2 m，使管端外部土壤不被水射破坏为宜。采取水射出土时，工作坑内应挖排水井，将流出的泥水集中到排水井，再用泥浆泵排除。

拉管法：

沿管线中心位置首先顶压入一根 φ50 mm 的钢管做为导管，在导管中心穿入连通两相邻工作坑间的钢丝绳，使之做为引绳，在管前方工作坑内用液压千斤顶或卷扬机张拉牵引钢丝绳，其后部使用具有一定承压能力的管道材料，如钢筋混凝土或金属管道拉压入土层中，管道里的泥土在管道后部用水射法将泥土冲出管道。如图 5-23 所示。

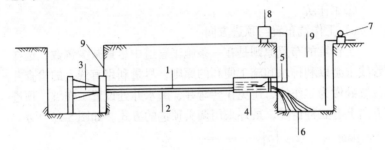

图 5-23　拉管法

1—钢丝牵引绳；2—导管；3—液压千斤顶；4—拉管；
5—水枪；6—管道中流出的泥土；7—污泥泵；8—高压
射流车；9—工作坑

水平钻孔法：

对于土质较硬的上层，在工作坑内沿管道高程与中心线位置点支架水平钻孔机，当启动钻孔机后，钻头逐渐向土层内部延伸，钻杆也相应的加长，利用螺旋钻杆不断地将土从管道里排除到外部，而所要求的钻孔孔径要与管道直径相一致，并将管道不断地顶入钻孔内，因此水平钻孔法的钻孔孔径与钻杆长度也就是管道孔径与管道的长度。如图 5-24 所示。

2）大中管径断面（1000mm < D ≤ 2000mm）

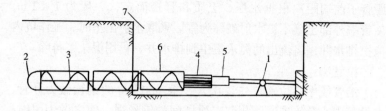

图 5-24 水平钻孔法
1—水平钻孔机；2—钻头；3—螺旋钻杆；
4—钻机支架；5—液压千斤顶；6—管子；7—工作坑

一般采用顶管法，施工程序如下：

① 工作坑

a) 工作坑布置与顶进方向

工作坑的布置原则是在一条施工管道中尽量减少坑数，选在管线下游以利排水和施工便利的原则，尽量利用直线上的检查井位置处做为工作坑，避免在转弯井，跌水井处设置工作坑。顶进方向上有三种情况，最好采用调头顶进的方式。如图 5-25 所示。

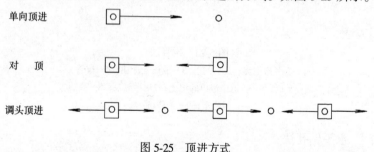

图 5-25 顶进方式

b) 工作坑尺寸

主要根据槽深、土质、支撑、设备、管长、操作情况来定出工作坑平面尺寸、工作面高度、工作台各部尺寸。

工作坑的坑底平面尺寸如图 5-26 所示。

坑底宽度：$B = D + 2.4 \sim 3.2 \text{m}$ (5-2)

坑底长度：$L = L_1 + L_2 + L_3 + L_4 + L_5$

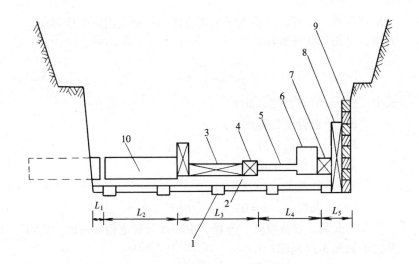

图 5-26 工作坑的坑底平面尺寸图
1—枕木：间距 0.6~1.2m；2—导轨：轨道钢；
3—直铁；4—横铁；5—顶镐；6—油泵；7—横铁；
8—立铁；9—方木：20cm×20cm；10—混凝土管

式中 D——管外径（m）；

L_1——管末端压在导轨上最小长度，一般为 0.3~0.5m；

L_2——混凝土管长度（$L_2 = 2m$）；

L_3——出土工作面长度，一般为 1~1.8m；

L_4——顶镐长度（200t 镐为 1m）；

L_5——后背站工作坑长度（包括横铁、立铁、方木等，一般为 0.8~1m）。

c）工作坑的设备安装

坑槽支撑：按实际情况，在确保安全条件下来决定支撑形式，一般采取锚喷混凝土、稀撑或密撑。

后背处理：顶管后背有人工后背和原土后背两种，不论何种后背，必须有足够稳定性，压缩变形小，无显著位移，必要时进行复核验算，后背必须垂直于顶进方向，一般利用原土后背加固方法，可用下式计算：

$$L = \sqrt{\frac{P}{B}} + \lambda \tag{5-3}$$

式中 L——后背长度（m）；

B——后背受力宽度（m）；

P——顶管需要总顶力（t）；

λ——附加安全长度（m）；

砂性土：$\lambda = 1 \sim 2\text{m}$；

黏性土：$\lambda = 0 \sim 1\text{m}$。

导轨安装：导轨坡度、高程、中心线与管道相互一致，其间距大小如图 5-27 所示。

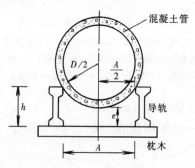

图 5-27 导轨安装

$$A = 2\sqrt{[D - (h - e)](h - e)} \tag{5-4}$$

式中 A——导轨内距（cm）；

D——混凝土管外径（cm）；

h——导轨高度（cm）；

e——混凝土管外壁距枕木间距，一般为 2~3cm。

顶镐安装：顶镐方向应与管道中心线一致，顶镐高度是顶力中心在管道外径 $\frac{1}{4} \sim \frac{1}{3}$ 之间，顶镐选择根据管径大小和顶进距离来确定。可用下列经验公式。即：

$$P = m \cdot D^2 \cdot L \tag{5-5}$$

式中 P——最大顶力（t）；

　　　D——管子的外径（m）；

　　　L——顶进总长度（m）；

　　　m——土质系数，黏性土 $m = 0.8 \sim 1$；

　　　　　　砂性土 $m = 1.5 \sim 2$。

出土设备：人工挖土方式有管道运土小车，水平和垂直运输卷扬机。

照明设备：管道里应使用 36V 低压照明装置。

送风设备：人工挖土者根据需要安装。

测量标志：管道中线和高程标志的设置。

工作平台：一般由钢梁、方木组成，中间设下管及出土口，口上设活动平台，工作平台上安装卷扬机或电葫芦等垂直运输设备。

支搭工作棚：为了防风、防雨、保护工作坑，工作棚的支搭高度决定于工作台上混凝土管吊装架。

②顶进工作

a）管道连接方法及接口处理

为防止顶进过程中混凝土管道错口，在管子对口处安装整体式内胀圈，内胀圈由厚度 6~8mm，宽度 20~30cm 钢板制成，其直径应小于顶管管径 5cm，并将内胀圈与混凝土管壁上部及两侧间隙用木楔背牢。两管口接头处应加衬垫，一般可垫 1 缕用沥青浸透的麻辫或 3~4 层油毡，衬垫放置偏于管缝外侧部位，顶紧后管子接口处有 1~2cm 深缝隙，然后用水泥石棉灰填塞严密或用 1:2 水泥砂浆抹严。

b）挖土工作

在正常情况下，管前允许超挖 30~50cm，视土质状况和所穿越的上部地面要求而定，管顶上面允许超挖 1.5cm，但管下半部 135°范围内不允许超挖。

c）测量工作

开始每顶进 20~30cm，应对管道中心线高程进行一次测量校核工作，顶进过程中正常情况下可以每顶进 50~60cm 对管道中线和高程进行一次测量校核工作，当出现超过允许偏差时，应马上校正管端的高低和方向，随时测量密切监视，直到顶进工作恢复正常。

d) 顶管偏差的校正

当测量管中心线偏差达 1cm 时，一般应考虑校正，但对高程偏差校正应根据管道的设计坡度和第一节管子的走向来确定校正的方法。纠正偏差应缓慢进行，使管子逐渐复位，不得生纠硬调，避免产生相反的结果，一般校正方法有下列几种：

挖土校正法：偏差小于 2cm 时，一般采用此法，即在管子偏向设计中心的一侧不超挖或留坎，而相对的一侧适当超挖，使管子在继续顶进中逐渐回到设计位置。

顶木或顶镐校正法：偏差大于 2cm，采用挖土校正无效时，用 10cm 圆木，一端顶在管子偏向设计中心放有垫板的管前土壁上，另一端支在管内壁上，支撑牢固后，开动顶镐，利用顶进时的顶木斜撑管子所产生的分力，使管子得到校正，如图 5-28 所示。

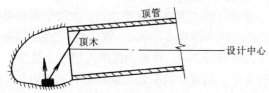

图 5-28 顶木纠偏

此法易造成纠偏过急，应随时测量，检查效果。

e) 原始记录工作

每班顶进工作均应填写顶管记录，记录内容为：顶进长度、管道偏差、校正情况、机械运转状况、土质水位变化及出现的问题。应注意事项：在交接班时要向下一班将原始记录交待清楚，以利于下一班进行工作，并为管道竣工验收、管理与维护工作提供原始资料。

一般来讲，顶管法按其顶进长度来分可以应用以下方法：

顶进长度 50~60 m：可采取单镐单向顶进法；

顶进长度 50~150m：可采取触变泥浆法；

顶进长度 150~300m：可使用中继间法。

一个顶进管段长度的确定，主要根据穿越物地段长度来确定，在长距离顶管施工中，顶管长度应尽量延长，以减少开挖工作坑数量，其长度主要根据顶管需要的顶力及其后背与管口可能承受的顶力，并结合地面开挖工作坑条件和管道井室间距等因素合理确定，如果需要加长顶管段长度时，一般可采取下列措施：

a. 加固后背，加强管口边圈，以增大其承受顶力的能力，此法简便易行，但所加长顶管段的单向顶进长度有限，最多增加10~20m的长度。

b. 两端对顶法：利用两边工作坑向中间对顶，此法可行，但只能增大原顶管段的长度一倍，而且在对顶中两个方向管口相接处极易产生较大误差和发生错口等不良现象。

c. 管外壁涂蜡法：在管壁满涂一层厚 1~1.5mm 的石蜡，大约每平方米用 1kg 石蜡，用喷灯烤融均匀密实，达到光滑平整，以减小摩阻力，增加顶进距离长度。

d. 触变泥浆减阻法

触变泥浆是一种滑润减阻剂，可以减小管壁与四周土壤的摩擦力，在顶管中应用可以减少顶力和防止土质松软坍塌而增加管道顶进时的摩阻力。一般触变泥浆由膨润土加水制做，其重量配比为膨润土：水 = 1:5~6，并在膨润土中加入 2%~3% 的碱（重量比），由泥浆泵或压浆罐注入所顶管子的四周，形成一个 2~4cm 的泥浆环。为了增加触变泥浆凝固后的强度，可掺入定量凝固剂，如石灰膏等，石灰膏为石灰：水 = 1:2.5（重量比），一般石灰用量为土重的 20%，但这种凝固剂必须在顶管完成后才允许起到凝固硬化作用。灌浆主要从顶管前端进行，顶进数米之后，应从后端及中间进行补浆。应用触变泥浆顶管一般应有以下

设备:

泥浆封闭设备:包括前封闭管及后封闭圈,主要作用是防止泥浆从管端流出。

灌浆设备:包括空气压缩机、压浆罐、输浆管、分浆罐及喷浆管等。

调浆设备:包括拌合机及储浆罐等。

如图 5-29 所示。

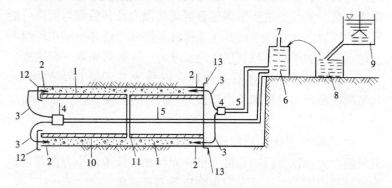

图 5-29 触变泥浆灌浆工艺图

1—触变泥浆;2—喷浆嘴;3—喷浆管;4—分浆罐;5—输浆管;
6—压浆罐;7—按空压机;8—储浆罐;9—搅拌池;10—顶进管道;
11—管道接口;12—前封闭管;13—后封闭圈

因此应用触变泥浆进行顶管,施工技术难度较大,工艺设备复杂,除非出现特殊情况,如土质不好,土层松软坍塌等情况,一般不予采用。

e. 中继间顶进法

在长距离顶进时,一般多采用中继间分段顶进,通常每 50m 左右长度管道设一个中继间。所谓中继间,即用钢板制一管壳(护管),沿环向均匀分布数台顶镐,这些顶镐由装在中继间侧面的高压油泵带动,如图 5-30 所示。

这种分段顶进,可将工具管和管道分段分开,减少了总顶力,增大了顶进长度。中继间启动前应先启动后背顶镐,使有了

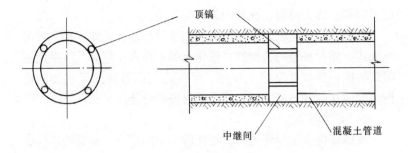

图 5-30 中继接力环

一定顶力后,再开动中继间,其顶进顺序是从管前端由里向外依次进行顶进直到后背为止。

2. 盾构法

盾构又称盾甲,是在不破坏地面情况下,进行地下掘进和衬砌的施工设备。一般适宜大管径(大于 2m 以上)异型沟道断面。可用于地下铁道、水底隧道、城市地下综合管廊及地下给排水管沟的修建工程。

盾构施工时所需要顶进的是盾构本身,故在同一土层顶进时,顶力不变,因此盾构法施工不受顶进长度限制。操作安全,可在盾构结构的支撑下挖土和衬砌。可严格控制正面开挖,加强衬砌背面空隙的填充,可控制地表的沉降。

(1) 盾构构造

盾构结构一般为一钢筒,共分三部分:前部为切削环、中部为支撑环、尾部为衬砌环,如图 5-31 所示。

1) 切削环

切削环位于盾构的最前端,为了便于切土及减少对地层的扰动,在它的前端做

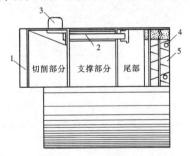

图 5-31 盾构构造
1—刀刃;2—千斤顶;3—导向板;4—灌浆口;5—砌块

成刃口型，称为刃脚，在其内部可安装挖掘设备。

盾构开挖分开放式和密封式。当土质稳定，无地下水，可用开放式；而对松散的粉细砂，液化土等不稳定土层时，应采用封闭式盾构；当需要支撑工作面，可使用气压盾构或泥水加压盾构。这时切削环与支撑环之间设密封隔板分开。

2) 支撑环

支撑环位于切削环之后，处于盾构中间部位，是盾构结构的主体，承受着作用在盾构壳上的大部分土压力，具有较大的刚度，在它的内部，沿壳壁均匀地布置千斤顶，如图5-32所示。每个千斤顶连接进油和回油管路。进油管与分油箱相连，高压油泵向分油箱提供高压油。为了便于顶进和纠偏，可将全部千斤顶分成若干组，装设闸门转换器，用来分组操作。另外在每根进油管上装设阀门，可分别操纵每个千斤顶。

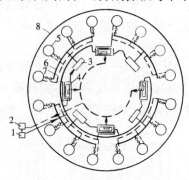

图5-32 千斤顶及液压系统图
1—高压油泵；2—总油箱；3—分油箱；
4—阀门转换器；5—千斤顶；6—进油管；
7—回流管；8—盾构外壳

此外，大型盾构还将液压、动力设备、操作系统、衬砌机等均集中布置在支撑环中。在中小型盾构中，也可把部分设备放在盾构后面的车架上。

3) 衬砌环

衬砌环位于盾构结构的最后，它的主要作用是掩护衬砌块的拼装，并防止水、土及注浆材料从盾尾间隙进入盾构。衬砌环应具有较强的密封性，其密封材料应耐磨、耐拉并富有弹性。常用的密封形式有单纯橡胶型、橡胶加弹簧钢板型、充气型和毛刷型，但效果均不理想，故在实际工程中可采用多道密封或可更换的密封装置。

(2) 盾构施工

1）施工准备工作

盾构施工前应根据设计图纸和有关资料，对施工现场进行全面勘查，根据地形、地质、周围环境及设备情况编制盾构施工方案，并按施工方案进行准备。

施工方案所包括的内容有：盾构的选型、制作与安装；工作坑的结构形式、位置的选择及封门设计；管片的制作、运输、拼装，防水及注浆等；施工现场临时给排水、供电、通风的设计；施工机械设备的选型、规格及数量；垂直运输及水平运输布置；盾构进出土层情况及挖土、出土方法；测量监控；施工现场平面布置；安全保护措施等。

2）盾构工作坑

盾构施工也应设置工作坑。用于盾构开始顶进的工作坑叫起点井。施工完毕后，需将盾构从地下取出，这种用于取出盾构设备的工作坑叫做终点井。如果顶距过长，为了减少土方及材料的地下运输距离或中间需要设置检查井、井站等构筑物时，需设中间井。

工作坑的形式及尺寸的确定方法与顶管工作坑相同，既要满足顶进设备的要求，更要保证安全，防止坍方。一般工作坑较浅时，用板桩支撑；工作坑较深时，可采用沉井或地下连续墙结构。

3）盾构顶进

盾构设置在工作坑的导轨上顶进。盾构自起点井开始至其完全进入土中的这一段距离是借另外的液压千斤顶顶进的，如图5-33（a）所示。

盾构正常顶进时，千斤顶是以砌好的砌块为后背推进的。只有当砌块达到一定长度后，才足以支撑千斤顶。在此之前，应临时支撑进行顶进。为此，在起点井后背前与盾构衬砌环内，各设置一个直径与衬砌环相等的圆形木环，两个木环之间用圆木支撑，如图5-33（b）所示。第一圈衬砌材料紧贴木环砌筑。当衬砌环的长度达到30～50m时，才能起到后背作用，方可拆除圆木。

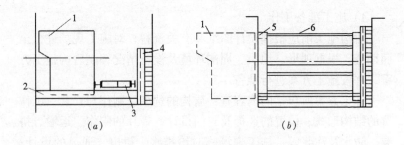

图 5-33 始顶工作坑
(a) 盾构在工作坑始顶；(b) 始顶段支撑结构
1—盾构；2—导轨；3—千斤顶；4—后背；5—木环；6—撑木

盾构机械进入土层后，即可起用盾构本身千斤顶，将切削环的刃口切入土中，在切削环掩护下挖土。当土质较密实，不易坍塌时，也可以先挖 0.6～1 m 的坑道，而后再顶进。挖出的土可由小车运到起始井，最终运至地面。在运土的同时，将盾构块运至盾构内，待千斤顶回镐后，孔隙部分用砌块拼装。再以衬砌环为后背，启动千斤顶，重复上述操作，盾构便不断前进。

4) 衬砌和灌浆

盾构砌块一般由钢筋混凝土或预应力钢筋混凝土制成，其形状有矩形、梯形和中缺形等，如图 5-34 所示。砌块的边缘有平口和企口两种，连接方式有用胶粘剂粘结及螺栓连结。常用的胶粘剂有沥青玛琋脂、环氧胶泥等。

衬砌时，先由操作人员砌筑下部两侧砌块，然后用圆弧形衬砌托架砌筑上部砌块，最后用砌块封圆。各砌块间的粘结材料应厚度均匀，以免各千斤顶的顶程不一，造成盾构位置误差。同一砌环的各砌块间的粘结料厚度应严格控制，否则将使封圆砌块难以顶入。

衬砌完毕后应进行注浆。注浆的目的在于使土层压力均匀分布在砌块环上，提高砌块的整体性和防水性，减少变形，防止管道上方土层沉降，以保证建筑物和路面的稳定。

为了在衬砌后便于注浆，有一部分砌块带有注浆孔，通常每

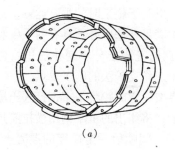 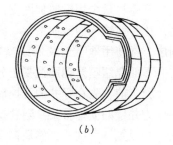

图 5-34 盾构块形式
（a）矩形砌块；（b）中缺形砌块

隔 3~5 个衬砌环有一环设有注浆孔，即为注浆孔环，该环上设有 4~10 个注浆孔，注浆孔直径不小于 36mm。注浆应多点同时进行。注浆量为环形空隙体积的 150%，压力控制在 0.2~0.5MPa 之间，使孔隙全部填实。注浆完毕后，还需进行二次衬砌，二次衬砌随使用要求而定，一般浇筑细石混凝土或喷射混凝土，在一次衬砌质量完全合格后进行。

3. 浅埋暗挖法

近年来，在一些地区修建地下铁路、地下人行通道、热力管沟及给水排水管渠等经常使用浅埋暗挖法施工。该方法适于在土质稳定、无地下水的条件下施工，如遇有地下水时，必须有完善可靠的降水措施。否则将会给施工增加很大困难，且无法保证施工质量。

浅埋暗挖施工方法的主要施工程序为：竖井的开挖与支护、洞体开挖、初期支护、二次衬砌及装饰等过程。

（1）竖井的开挖与支护

竖井的作用与顶管施工的工作坑基本相同。施工时，它可作为隧洞的进口和出口，施工完毕后，可在其中修筑管线检查井、热力管线小室、地下通道进出口等。

竖井的结构形式应根据土层的性质、地下水位的高低、竖井深浅以及周围施工环境等因素来选择。但不论选择哪种结构形式，都应尽量少用横向加固支撑，以利于施工时的垂直运输。但是，这将使结构的截面增大。为了满足井壁所必须具有的强度和刚度，常使用地下连续墙或喷射钢筋混凝土分步逆作法进行施工。下面介绍喷射钢筋混凝土分步逆作支护法的施工要点。

施工前，先在竖井的开挖周界按一定间距将工字钢打入土层中作为井壁的支撑骨架。随着挖土，将露出的工字钢用横拉筋焊联，并放置钢筋网片，然后向工字钢间喷射一定厚度的混凝土。如此不断挖土，不断焊联钢筋，不断喷射混凝土，最后施工到井底。形成一个完整的钢筋混凝土支护井壁。在井底设置一定间距工字钢底撑，然后现浇 300~400mm 厚的混凝土，作为施工期间临时底板。

(2) 洞体开挖

竖井施工完毕后，可进行洞体开挖，洞体开挖方法和步骤视洞体断面尺寸大小、土质情况而定。一般每一循环掘进长度控制在 0.5~1 m 范围内。为了防止工作面土壁失稳滑坡，每一循环掘进均保留核心土不挖，其平均高度为 1.5m、长度 1.5~2.0m，如图 5-35 所示。如果洞体断面大、净空高、掘进时可采用微台阶法开挖，台阶长度为洞高的 0.8 倍左右，一般掌握在 0.3~0.4m 以内。

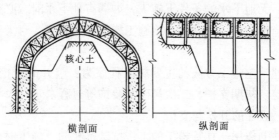

图 5-35 洞体开挖示意图

为了保证洞体开挖中绝对安全，应及时封闭整环钢框架，减少地表沉降。若开挖断面大，可在横向分上、下两个台阶开挖，每次挖土长度为0.5~0.6m，下台阶每开挖0.6m，与支护钢架整圈封闭一次。

(3) 初期支护

洞体边开挖边支护，初期支护是二次衬砌作业前保证土体稳定，抑制土层变形和地表沉降的最重要环节。一般初期支护采用钢筋格网拱架和钢筋网作骨架，然后喷射混凝土，也可根据现场特点，采用有针对性的技术措施。

洞体支护一般分土层加固、喷射混凝土和回填注浆三个步骤进行。

1) 土层加固

①无注浆钢筋超前锚杆加固法

加固锚杆可采用$\phi 22mm$螺纹钢筋，长度一般为2.0~2.5m，环向排列，其间距视土壤的情况确定，一般为0.2~0.4m，排列至拱脚处为止。操作时，在每一循环掘进完毕后，用风动凿岩机将锚杆打入土层，锚杆末端要焊在拱架上。此法适用于拱顶土壤较好的情况下，是防止坍塌的一种有效措施。

②小导管注浆加固法

当拱顶土层较差，需要注浆加固时，利用导管代替锚杆。导管可用直径32mm钢管，长度为3~7m，环向排列间距为0.3m，仰角7°~12°。导管管壁设有出浆孔，呈梅花状分布。导管可用风动冲击钻机或PZ75型水平钻机成孔，然后推入孔内再注浆。

2) 喷射混凝土

喷射混凝土是借助喷射机械，利用压缩空气或其他动力，将按一定配合比的拌合料，通过管道输送并以高速喷射到受喷面上凝结硬化而成的一种混凝土。根据喷射混凝土拌合料的搅拌、运输和喷射方式一般分为干式和湿式两种。常采用干式。

干式喷射是依靠喷射机压送干拌合料，在喷嘴处加水。在国内外应用较为普遍。它的主要优点是设备简单，输送距离长，速凝剂可在进入喷射机前加入。

湿式喷射是用喷射机压送湿拌合料（加入拌合水），在喷嘴处加入速凝剂。它的主要优点是拌合均匀，水灰比能准确控制，混凝土质量容易保证，而且粉尘少、回弹较少。但设备较干喷机复杂，速凝剂加入也较困难。

3) 回填注浆

在暗挖法施工中，在初期支护的拱顶上部，由于喷射混凝土与土层未密贴，再加上拱顶下沉很容易形成空隙，为防止地面下沉，应在喷射混凝土后，用水泥浆液回填注浆。这样不仅挤密了拱顶部分的土体，而且也加强了土体与初期支护的整体性，有效地防止地面沉降。

4) 二次衬砌

完成初期支护施工之后，当设计需要进行二次衬砌时，可进行洞体二次衬砌。二次衬砌采用现浇钢筋混凝土结构。混凝土强度宜选用C20以上，坍落度为18~20cm的高流动混凝土。采用墙体和拱顶分步浇筑的方法，即先浇侧墙，后浇拱顶。拱顶部分采用压力式浇筑混凝土。

（三）管道闭水试验

当施工完毕后，为了检查管道的密闭性，掌握管道渗漏情况，凡污水管道都必须做闭水试验，雨水及合流管道除大孔性土壤，水源地区或地下水位高的地段以外，可以不做闭水试验。

闭水试验根据具体情况可分为带井闭水（即管道与检查井同时做闭水试验）和管道闭水（即仅管道本身做闭水试验）。闭水试验在管道接口强度已达到设计要求并在覆土以前进行，闭水试验前将闭水管段管道上下游两头管口堵塞砌死，在下游口处接入进水管，上游管头处接出排气管。灌注水时应注意上游的排气，灌水后应对管道外观进行检查，以无漏水为合格，经过1~2昼夜的浸泡，使管道本身吸饱水后，再测定渗水情况。测定时以上游管内顶以上2m高的水头做为试验水头，如有渗漏，水位就会下降，在规定的30min时间内，根据水位下降量，计算出试验段渗水量。如图5-36所示。

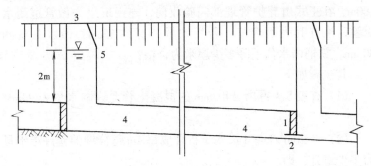

图5-36 闭水试验
1—闭水堵头；2—进水管；3—检查井；4—闭水管段；5—闭水水头

用下式计算出每公里管道每昼夜的渗水量：

$$Q = 48q \times \frac{1000}{L} \tag{5-6}$$

式中 Q——每公里管段每昼夜的渗水量（$m^3/km·d$）；

q——闭水管段30min渗水量（m^3）；

L——闭水管段长度（m）。

当Q小于允许渗水量时，即认为闭水合格，各种管径允许渗水量标准如下表5-4所示。

各种管径允许渗水量标准表　　　表5-4

管 径（mm）	允许渗水量（$m^3/km·d$）	
	双面釉缸瓦管	混凝土管
150	7	6
200	12	12
300	18	18
400	21	20
500	23	22
600	24	24
700～1000	—	26～32
1100～1600	—	34～44

【举例】 某工地施工的 ϕ400mm 污水管道工程，现已完成100m，在正式由养护管理部门验收前，施工班组去做管道闭水试验，检查其是否合格，若用铁桶（直径55cm）做水头观测30min，铁桶内水位下降多少厘米为合格？

其步骤如下：

（1）查表5-4得出 ϕ400mm 的混凝土管允许漏水量为 $20m^3/km\cdot d$。

（2）将 $20m^3/km\cdot d$ 渗水量折合成每1m每分钟的允许渗水量为多少毫升，即

$$\frac{20\times10^6}{1000\times24\times60}=14cm^3/m/min。$$

（3）因为闭水长度为100m，测30min的允许渗漏量为 $14\times30\times100=42000cm^3$。

（4）计算铁桶的截面积，以铁桶截面积除以允许渗漏水量 $42000cm^3$，则得出铁桶内观测出允许下降水位，即：

铁桶截面为 $\frac{\pi D^2}{4}=0.785\times55^2=2375\ cm^2$；

下降水位为 $42000\div2375=17.68cm\approx17.7cm$。

如果班组自己观测下降水位小于17.7cm，表明管道闭水试验合格；如果观测数大于17.7cm，那么就得找出渗漏处，修理管带，直到合格为止。

（四）施工组织设计

1. 概述

施工组织设计是以科学管理方法全面组织施工的技术经济文件，其内容包括：工程性质、特点和技术要求的概况；工程量、工作量汇总表；施工方法和施工机械的配备；合理施工顺序的进度计划；工、料、机、运需用量与供应计划；施工现场设施的安排和施工总平面图等。施工组织设计一般分为施工组织总体设计

和单位工程施工组织设计。

这里重点介绍单位工程施工组织设计,以直接指导养护施工工作。其方法为事先掌握有关养护施工设计文件与图纸技术资料,确定出主要工程设施,关键技术要求,拟定施工程序与工艺流程,工程施工期限,并了解施工地段的水文地质气象资料,考虑季节气候对施工影响及其对策,对施工现场进行实际调查,核对各种资料的可靠性等,在此基础上,制定施工方案,进行施工准备工作,编制施工计划,绘出施工布置平面图等工作内容。

2. 施工方案

(1) 施工方法

按照排水工程构筑物结构特征(如管道埋深、结构形式、附属构筑物状况等)、工程项目情况、工程量大小、施工期限、施工设备与工料机运的配备和供应保障程度、施工现场的水文地质气候及周围环境等因素,综合考虑确定出科学合理、切实可行的施工方法。

(2) 施工程序

根据工程做法、工程项目与施工方法,按施工工艺过程与各工程项目施工顺序的相互搭接,确定出施工程序并汇出流程框图或网络图。

3. 施工准备工作

(1) 复核设计施工图纸资料。

(2) 制定施工组织设计。

(3) 编制施工预算。

要依据施工图纸、施工组织设计和施工定额,并以单位工程为对象编制人工、材料、机械设备耗用量及其费用总额,即作为单位工程计划成本。作为劳动调配、物资供应、组织队组生产、下达施工任务、进行成本分析和班组经济核算的根据,其内容包括:

1) 单位工程中工程项目、工程部位、工作项目的工程量指标。

2）工程项目、工程部位、工作项目所需用的工、料、机、运数量指标。

3）按工、料、机、运需用量分别计算出工作项目、工程部位、工程项目费用，从而计算出单位工程的直接工程费用。

(4) 施工现场

开工前将准备工作处理好（如地上、地下障碍物处理、拆迁、交通等各项工作），改善施工环境条件（如水、电源等），便于施工测量放线。

(5) 组织调配工、料、机、运及施工设备，一般采用就近调配，应用表格作业法。其方法如下：

例如有甲、乙、丙三个工程，分别需用材料 $700m^3$、$250m^3$、$650m^3$，这些材料分别由 A、B、C、D 四个料场供应，供应能力分别为 $600m^3$、$200m^3$、$300m^3$、$500m^3$，而供应料源与各工程距离如表 5-5 所示。

里 程 表　　　　　　表 5-5

料场工程	A	B	C	D
甲	13	6	24	17
乙	21	14	15	16
丙	11	8	20	19

按上供需数量与里程情况，综合列出下表 5-6。

里 程 表　　　　　　表 5-6

料场工程	A	B	C	D	需用量
甲	13	6	24	17	700
乙	21	14	15	16	250
丙	11	8	20	19	650
供应量（m^3）	600	200	300	500	1600

由表 5-6 可看出，由 B 运往甲距离最短，由 B 尽量供应甲，而 B 只能供应 $200m^3$，所以在 B 甲格中填入 200，将 B 列划去，这时运距表中最短是 11，处于 A 丙处，丙需要 $650m^3$，而 A 只能

供应 600m³,故 A 量全部给丙,在 A 丙处格中填入 600m³,把 A 列划去,照此法进行,在 C 乙处填入 250m³,划掉乙行,D 甲处填入 500m³ 后,可同时划去甲行和 D 列,最后在 C 丙处填入 50m³,同时划去丙行和 C 列,到此,已完成供需调配方案,如表 5-7 所示。

里　程　表　　　　　表 5-7

料场工程	A	B	C	D	需用量
甲		200		500	700
	13	6	24	17	
乙			250		250
	21	14	15	16	
丙	600		50	0	650
	11	8	20	19	
供应量	600	200	300	500	1600

(6) 对施工人员进行工程交底工作。

4. 施工计划编制

(1) 养护工程施工定额的制定

养护施工定额是实行施工管理的依据,运用施工定额可以制定工程计划、编制施工预算、进行工程成本分析等,为生产管理工作中技术经济活动提供最基本的数据。工程定额的制定是根据生产工艺操作方法,由生产工序的工作范围状况和企业生产能力(包括工人熟练程度、生产技术与设备装备水平、生产劳动组织机构状况、生产规模与性质条件等诸因素)来决定,所制定出的定额,实际反映着企业的生产率状况,定额的制定包括四个方面内容:

人工——表示劳动生产率的状况;

材料——表示原材料与半成品材料消耗标准;

机械——表示使用机械的效率;

运输——表示运输能力大小。

定额制定方法一般有下列四种：

统计法——依据企业生产原始记录，分析统计生产报表，经过数理统计分析，得出的统计数字；

经验法——由企业生产设备和生产过程中不同的岗位生产人员（如技术人员、管理人员、生产操作人员等）提供的数字；

查定法——一般采用项目工序抽样检查方法得到的数字；

实验法——通过模拟试验方法所取得的数字。

由以上方法得到的数字再用数理统计分析，经过数据处理后，分别确定出平均先进定额，经过企业立法程序而得到执行，然而定额制定后不是一成不变，它随着本企业生产变化，生产能力的提高再重新制定出新的定额标准。

（2）施工进度计划

在既定的施工方案基础上，根据施工工艺过程，对工程各项目、各部位、各分项工作的开始及结束时间，作出具体的日期安排，为各施工过程确定施工日期，并以此来确定施工作业所必须的劳动力和各种生产物资的供应计划。施工进度计划由两部分组成，第一部分反映各项目、各部位、各分项工作的名称、工程量、采用的施工定额、所需的劳动力和机械数量；第二部分反映各项目、各部位、各分项工作的施工进度及在总工期中所占的位置，一般进度计划以表格形式来表示，如表5-8所示。

单位工程施工进度计划　　表5-8

序号	工程项目部位与分项名称	工程量		劳动力		机械用量			施工组织			施工期限		施工进度
		单位	数量	采用定额	需用工日	机械类型	采用定额	台班数量	施工单位	配备人数	机械台数	开竣工日期	工作日	月旬日
1	2	3	4	5	6	7	8	9	10	11	12	13	14	15

（3）施工资源计划

单位工程施工进度计划确定以后，以此为根据来编制施工劳动力、机械运输、材料与半成品需用量计划，以保证施工进度计划的顺利执行。劳动力需要量计划主要为施工现场劳动力调配提供根据，如表5-9所示。

劳动力需要量计划　　　　　　　　　　表5-9

序号	工程项目部位与分项名称	工程量		总劳动量			劳动力用量计划
		单位	数量	采用定额	工种名称	需用工日	月
							旬
							日
1	2	3	4	5	6	7	8

根据施工方案和施工进度计划，确定出施工机械类型、数量和使用期限，得出施工机械运输需要量计划，如表5-10所示。

机械与运输使用计划　　　　　　　　　表5-10

序号	工程项目部位与分项名称	工程量		机械需用量			机械配备		机运使用计划
		单位	数量	类型	采用定额	台班数	台数	工作期限	月
									旬
									日
1	2	3	4	5	6	7	8	9	10

在施工过程中，对使用材料与半成品按名称、规格、使用时间及考虑到各种材料消耗的定额进行计算，得出材料与半成品需用量计划如表5-11所示。

施工材料需用量计划　　　　　　　　　表5-11

序号	工程项目部位与分项名称	工程量		材料名称、规格与数量				用料日期
		单位	数量					
1	2	3	4	5				6

5. 施工平面图

将拟建项目组织施工的状况绘在平面图上，作为施工现场管理的依据。其内容包括水电供给情况、临时设施的设置、材料与半成品堆放、施工现场的运输、施工工作面的布置、现场临时排水系统、现场土方调配等内容。

复 习 思 考 题

1. 确定沟槽槽帮坡度都要考虑哪些因素？
2. 说明管道基础种类及适用范围。
3. 不开槽法施工的适用范围。
4. 中继间顶管的特点及操作过程。
5. 触变泥浆减阻法的特点及操作过程。
6. 小管径顶管使用什么方法？施工原理是什么？
7. 盾构法施工的特点。
8. 叙述浅埋暗挖法的施工程序和施工方法。
9. 说明管道闭水试验的应用条件及操作方法。
10. 阐述施工方案内容及其确定原则。
11. 施工准备工作内容都有哪些？
12. 如何编制施工作业计划？

六、下水道养护常用机械设备

下水道养护机械可分为两大类，一类是通用机械，例如：土方机械（挖掘机、推土机、装载机等）、运输机械（自卸汽车、机动翻斗车）、压实机械（压路机、平板振动夯、蛙夯等）、破碎机械（液压破碎锤、风镐等）、起重机械、排水机械（各类水泵）。另一类是下水道专用机械，例如：机动绞车、下水道冲洗车、可移动式高压冲洗机、下水道联合疏通车、监测设备（通风机，气体监测设备，电视检查车）等。

（一）下水道养护常用机械设备知识

1. 通用下水道养护机械常识

（1）土方机械

土方机械在下水道养护施工中用处非常广泛。它主要的工序是铲土、装土、运土和卸土，凡是能完成土壤搬移工作的机械，统称为土方机械。目前应用较普遍的土方机械有单斗挖掘机、装载机、推土机和平地机等，下面简单介绍一下。

1）挖掘机：它是用挖土斗来挖掘土壤并把土壤卸到运输车上或直接卸到附近弃土场的一种施工机械。挖掘机有单斗和多斗之分。单斗挖掘机具有多种工作装置，可分别安装正铲、反铲、拉铲和抓铲、起重等，如图6-1。单斗挖掘机按铲斗容积的不同，可分为 $0.4m^3$ 以下（轻型），$0.5\sim1.5m^3$ 以下（中型），$1.5m^3$ 以上（重型）。挖掘机型号国内按斗容积编制，国外按厂家生产系列号编制。单斗挖掘机每一个工作循环包括挖掘、回转、卸料、返回四个过程。单斗挖掘机工作状况如图6-2。

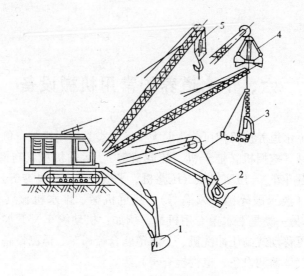

图 6-1 单斗挖掘机的几种工作装置
1—反铲；2—正铲；3—拉铲；4—抓斗；5—起重

单斗挖掘机的发展方向是向机电液一体化发展。铲斗容积从 $0.01m^3$ 到最大 $20m^3$ 种类越来越多。操纵越来越简单人性化。

2）装载机：主要用于来装载不太硬的土方和松散材料，还可以用于松散土壤的表层剥离，土地平整和场地清理。（单斗）装载机是一种在轮胎式或履带式的基础车上装有一个铲斗循环作业方式的工程机械。（单斗）装载机的工作过程是铲装、转运、卸料和返回如图 6-3。

装载机的规格型号国内是按它的铲斗举升重量编制。如 ZL-10 表示能举升 1t，如 ZL-40 表示能举升 4t。国外是按自己厂家生产的序列号编制。

装载机按行走方式不同可分为轮胎式和履带式，按机架结构不同可分为整体式和铰接式，按铲斗回转程度的不同可分为全回转式、半回转式和非回转式三种。按装载机发动机的功率分类：功率小于 74kW 为小型，功率在 74～147kW 之间为中型，功率 147～515 为大型，功率大于 515 为特型。

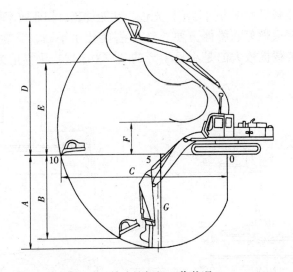

图 6-2 单斗挖掘机工作状况

A—最大挖掘深度；B—最大垂直挖掘深度；C—在地平面最大范围；
D—总倾倒高度；E—最大挖掘高度；F—最小铲斗铲土高度；
G—最深挖掘深度

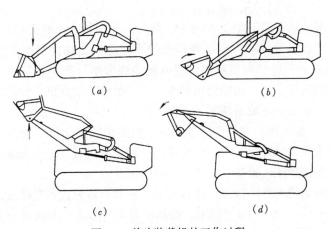

图 6-3 单斗装载机的工作过程

(a) 铲料过程；(b) 装料过程；(c) 转运过程；(d) 卸料过程

装载机发展方向为结构先进、性能优越、作业效率高、造价低、舒适性好、维修方便、自动-智能化水平高、节能环保等。目前装载机最大的是小松生产的A1200-3型，斗容量为16.5~32m³。

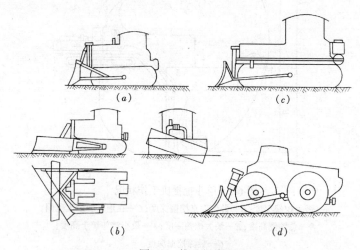

图6-4　推土机类型
(a) 机械操纵的直铲式推土机；(b) 机械操纵的回转式推土机；
(c) 液压操纵的直铲式推土机；(d) 轮胎式推土机

最小的是纽芬兰生产的LW系列，斗容量为0.008~5.5m³。为了增加装载灵活性，提高作业效率，美国山猫公司生产出了A220系列四轮转向装载机，使机械的转弯半径变得非常小。另外美国凯斯公司、山猫公司都生产出了滑移式装载机，使装载机能原地旋转360°成为现实。

3) 推土机：它是在履带式拖拉机或轮胎式牵引车的前面安装推土装置及操纵机构，而构成的一种土方机械。在土方施工中主要用作铲土、推集、压实和平整等工作。

推土机的种类较多，按行走方式主要有履带式和轮胎式，如图6-4 (a)、6-4 (d) 所示。按其铲刀安装形式的不同可分为固定式和回转式，如图6-4 (c)、6-4 (b) 所示。按其对工作装置操作形式不同，可分为钢索操作式和液压操作式，目前新型推土机几乎全采用了液压操纵式铲刀升降控制装置。

推土机的基本工作过程如图6-5所示，从铲土作业、运土作业、卸土作业到空驶回程四个作业过程为一个工作循环。

推土机的型号，国内一般是按发动机马力编制的，如宣化工程机械厂生产的TY320，其发动机功率为320马力。国外生产的推土机型号多是根据厂方生产的系列号编制的，现在我国生产厂家与国外合资或引进技术的很多，所以型号的编制也按自己厂家系列号编制。

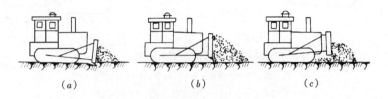

图6-5 直铲式推土机的工作过程

现代推土机发展的方向是向大型化和重型化发展，在操纵装置上采用了自动控制、激光控制等先进科学技术，发动机一般都采用大马力、低能耗的环保型机型，在设计时尽可能的扩大它的使用范围。

（2）运输机械

运输机械这里指的是在下水道养护施工中广泛应用的载重汽车和机动翻斗车。

1）载重汽车：它是在汽车底盘上安装马槽用以拉货，在下水道维护中多用大型载重汽车运送土方。汽车底盘上的传动系如图6-6，是由从发动机输出的扭矩经离合器、变速器、传动轴万向节、差速器、半轴最后到驱动轮。

载重汽车按其载货卸货方式不同分为自卸汽车和非自卸汽车。按发动机用油不同分为汽油车和柴油车。国内载重汽车的型号是统一编制按生产厂家加吨位。国外载重汽车一般是按生产厂家产品系列编制的。

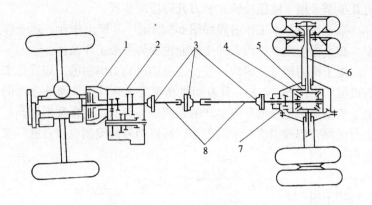

图 6-6 汽车传动系示意图
1—离合器；2—变速箱；3—万向节；4—驱动桥；
5—差速器；6—半轴；7—主传动器；8—传动轴

载重汽车发展方向是在发动机方面排放要环保型达到国际标准，在操作方面大量使用机电—微机一体，在操作环境上更加舒适安全，在车体造型上更加美观实用。

2）机动翻斗车：它在市政下水道养护施工上也广泛应用，它被用作工地材料倒运设备。如渣土、灰浆等。

机动翻斗车一般是装载斗在前方，并且可以液压自翻或惯性自翻。目前，该类产品是液压转向、液压制动、液压翻斗、自动回转。它的一般结构与其他车辆类似，它的型号与料斗容量有关，如 FC-10 型机动翻斗车，斗容量为 1t。机动翻斗车采用后转向系统，具有转弯半径小、机动灵活的特点。

现在新型机动翻斗车为了符合环保要求，除发动机采用环保型外，还采用全液压式。不仅噪声降低，并且可靠性增强，无故障率提高。操作更加人性化。

使用机动翻斗车应注意安全行驶，向坑沟里卸料时，车距坑边 10m 以外即应减速行驶，并须距坑边 1~2m 时停车卸料，以防事故，必要时设安全挡块。

(3) 压实机械

压实机械是对材料施以外界的机械力,从而使材料的密度得以提高的过程。压实后的材料颗粒间的孔隙率和渗透性下降,从而提高了密实度。压实机械要因地制宜,合理选型配备,才能有效发挥作用。

压实机械的分类:冲击式夯实机械(电动蛙式夯、内燃夯、高速冲击夯);振动式夯实机械(振动夯、振动压路机);碾压式压实机械包括自行式(光轮压路机、轮胎式压路机、捣实式压路机)和拖式(光轮式、轮胎式、捣实式)。

1) 压路机:它是一种对路面、路基和沟槽等压实的机械。按压实的方法不同分为振动压路机和静力压路机,按滚轮和轮轴数目不同分为两轮两轴式、三轮两轴式、三轮三轴式如图 6-7。按轮子材质不同分为(光)钢轮压路机和胶轮压路机。

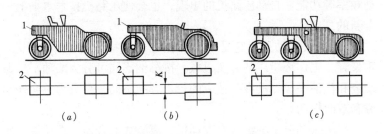

图 6-7 压路机按照碾轮数和轴数分类简图
(a) 两轮两轴式;(b) 三轮两轴式;(c) 三轮三轴式

压路机的作业方式按作业面不同而不同一般是"先轻后重、先慢后快、先边后中"。

压路机的规格型号编制国内对于静力是按"轮数 + 汉语拼音第一个字母 + 吨位"。如三轮 8~10t 压路机,型号是 3Y8/10。对于振动压路机是按"汉语拼音第一个字母 + 吨位,如 10t 振动压路机的型号为 YZC-10(其中 C 为生产厂家的自编系列号),18t 拖式振动压路机的型号为 YZT-18,16~20t 轮胎压路机的型号为 YL16/20。国外压路机的型号编制一般是生产厂家按本厂系列产品编制。

压路机的主要技术经济指标：

①质量吨位与静压力。质量吨位是压路机的主要参数，它决定了机械对土壤施加的静压力大小。静压力是压轮在单位长度上对土壤所施加的压力。即：分配在压轮上的重力/压轮的宽度。

②振动频率与振幅及激振力。

③频率＝振子转数（r/min）。

④振幅＝振子的质量（kg）振子的偏心距（mm）/分配在轮上的质量（kg）。

压路机的发展方向：由于工业技术的进步、科学技术的发展，也对压路机技术进步起到了很大的推进作用，全液压振动压路机要逐渐代替机械振动压路机。并且由于机、液、电一体化的发展，使压路机具备了能自动测油温、测密实度，能自动调整振动频率等功能。自动压路机的出现，也会使压路机技术水平上一个新的高度。

2) 平板振动夯：它是一个操作方便、构造简单、体积小、重量轻、工作环境广的夯实机械。按燃油不同可分为柴油平板振动夯和汽油平板振动夯，按夯的行走方向不同，可分为单向振动夯和双向振动夯。

平板振动夯主要组成有发动机、离心式离合器、振动块、底板、扶手、洒水箱、油门操作系统等。主要技术性能如下：

自重：85～130kg；

发动机功率：3.5～5.5马力；

转数：3500～4000r/min；

振动频率：3000～5000次/min；

激振力：1500kg；

压实效果：相当于6t碾压4遍；

前进速度：18～22m/min；

生产率：80～90m^2/h。

3) 蛙式夯土机：它是一种体积小、重量轻、构造简单及操

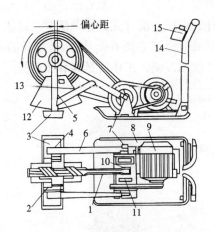

图 6-8 蛙式打夯机构造示意图
1—三角皮带；2—前轴；3—夯板；4—偏心套；5—立柱；6—动臂；7—轴销；8—拖盘；9—电动机；10—传动轴；11—滚动轴承；12—偏心块；13—斜撑；14—操纵手柄；15—电源开关

作方便的土方夯实机械。工作原理属于冲击式夯实机械。按动力不同可分为电动机和内燃机两种。由于发动机技术性能的要求和内燃蛙式夯土机造价高的影响，电动式夯土机比内燃式夯土机使用的更为广泛。

电动蛙式夯土机如图 6-8 是由夯头架、传动装置、前轴装置、拖盘、操纵手柄、电器设备和润滑系统等组成。

(4) 破碎机械

破碎机械用于下水道养护施工中路面、混凝土结构的破碎。按驱动方式的不同分为液压破碎机械（液压破碎锤）和气压破碎机械（风镐），下面分别介绍一下。

1) 液压破碎锤：它是利用液压油作为动力的液力机械。因此，它总是与液压泵站或液力工作主机联合使用。主要用于破碎沥青混凝土的路基和面层、坚硬地层和水泥混凝土构筑物等。现在液压破碎锤使用很普及，大多数是安装在液压挖掘机上或少数装载机上。它的型号是按生产厂家自己产品系列号编制的。液压破碎锤是由钎杆、扁销、前（壳）体、活塞、缸体、控制阀、氮气、后体和贯穿销等组成如图6-9。液压破碎锤的特点是技术先进、结构简单、使用方便，工作质量高和噪声低。

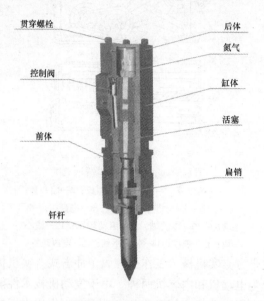

图6-9　液压破碎锤简图

2) 风镐：它是利用压缩空气作为动力的风动机械。因此，它总是和空气压缩机联合使用。主要用于沥青混凝土的路基和面层，施工现场破碎坚硬地层和水泥混凝土结构物等。如图6-10所示是风镐的基本构造图。

在风镐使用过程中要做到每正常使用2～3h应对风镐加注润滑油。另外要禁止风镐空击，禁止风镐的镐钎全部插入被破碎物。

(5) 起重机械

起重机械在市政下水道施工中用于吊装、下管等项作业。起重机械的种类很多，按其工作特性一般分为：

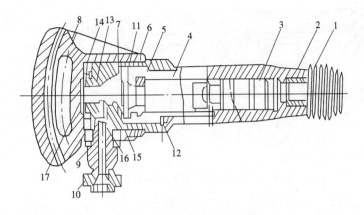

图 6-10 风镐结构示意图

1—卡头；2—套筒；3—活塞；4—筒身；5—管形气阀；6—气阀箱；7—中间环；8—把手；9—气门管；10—连接螺帽；11—平板；12—螺钉；13—阻阀；14、15—弹簧；16—过滤网；17—钢片

1) 固定式回转起重机——可用来提升重物，并能使其在圆形（或扇形）面积范围内作移动，如桅杆起重机。

2) 运行式回转起重机——具有行走装置，能沿轨道、地面运行，如汽车式起重机。

3) 缆索式起重机——除能提升重物外，并能使重物在水平方向作一定范围内的移动。

4) 龙门式起重机——用来提升重物，并能使重物在巨型面积范围内作水平移动，如龙门行车等。

5) 起重卷扬机——用来提升重物（一般是5t以下的重物）。用地锚固定在地上。

以上几种形式的起重机，目前在市政下水道养护施工中使用最多的是运行式回转起重机，它由于装有行走装置，灵活性高，几乎可服务于整个施工现场，而且可以整机运输；这种类型的起重机还可以分为履带式、汽车式等几种，汽车式起重机最常见，如图6-11。

汽车式起重机的机构可以分为四个：起升机构、变幅机构、

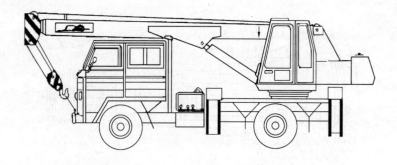

图 6-11　QY5 型汽车式起重机构造示意图

回转机构、运行机构。它的主要参数有：

①起重量：是起重机的重要参数，以吨为单位。通常是以额定的起重量表示，即起重机在各种情况下安全作业所允许的起吊重物的最大重量，它是随着起重幅度（回转半径）的加大而减小的。

②起重幅度：起重机的回转中心轴线至吊钩中心的水平距离称为起重幅度或工作幅度，单位为米。起重机的工作幅度有可变和不可变两种，幅度可变的起重机是以幅度变动的范围的最大值来表示。起重机的起重量和起重幅度的关系成反比。

③起重高度：是指地面到吊钩底的距离，单位为米。当需要吊取地面以下的重物时，则地面以下的深度叫下放深度，总起升高度等于起升高度与下放深度之和。可变幅起重机，其起升高度和起重幅的关系成反比。

④工作速度：主要包括起升、变幅、回转和行走的速度。对于伸缩臂式起重机还包括臂伸缩速度和支腿收放速度。

以上几个技术参数，直接关系到起重机的正常工作与安全。因此施工指挥人员、司驾人员必须熟悉起重机的这一特性，不能盲目蛮干，造成事故。

现在的起重机均采用全液压操作。即起升、回转、变幅、伸缩、转向、制动等都由液压系统控制。既可靠，又安全，不至于过载，许多机型还配备了安全报警系统，切实保证生产安全。

使用起重机时必须做到：

a）操作人员与指挥人员密切配合，按信号工作。

b）严格按机械性能作业，不可超过规定数值，并装备有高度限位器、变幅指示器、幅度限位器、转向限位器等安全保证装置。

c）起吊过程中，吊臂下不得站人。

d）严禁斜吊、拉吊和吊地下埋设的物体，以防翻车。

e）起吊物件时，吊钩中心应垂直通过物件中心，并在吊离地面 20~50cm 时停车检查。起吊过程中如休息，不得将重物停留在空中。

f）应与架空线路保持一定安全距离，防止触电事故发生。

g）汽车起吊重物时禁止行驶，货物不得超越汽车的驾驶室。

电动卷扬机、电动葫芦，是独立式起重机械，其起重特性部分与汽车起重机相同，他们主要是利用减速箱传递原动力，工作时卷筒由电动机通过减速箱驱动，可做正反两方向的转动。电动机动力输出轴与减速箱之间利用联轴节相连，装在联轴节旁边的是电磁制动器。利用它，当电动机停转时，可使卷筒立即制动。

综合上述起重机械，还有一个重要问题，就是钢丝绳的安全问题。这个问题曾造成不少人命关天的事故，因此，必须经常检查。在吊装工作中，还必须经常检查钢丝及钢丝绳外表的断丝情况。当发现一个节距内断丝达到规定数目或有一股被拉断时，应更换新绳。为了防止钢丝绳生锈，应定期对钢丝绳进行润滑。

（6）排水机械

排水机械是水道养护施工中应用很广泛的一种机械。水泵是常用的一种排水机械，它可以排水、取水、解决滞水和堵塞问题。水泵的种类很多，根据它对转变能量的方法来分，主要有叶轮式（旋转式）和活塞式（往复式）两大类。

叶轮式水泵又分为离心式与轴流式两种基本类型。前者是利用叶轮旋转时产生的离心力来吸水与压水，后者则是利用叶轮旋转时的轴向推力来吸水、压水。而离心水泵在下水道养护施工中应用广泛，故着重介绍离心泵。

离心式水泵种类很多，有单级、双级、多级，级的多少是根据轴上安装的叶轮数来确定。单级的多为低压（扬程20m），双级的多为中级（扬程20~60m），多级则多为高压（扬程60m以上）。离心泵主要由水泵座、水泵壳、轴承盒、进水口、排水口、叶轮、泵轴和联结轴及配套电机组成。如图6-12和图6-13所示。

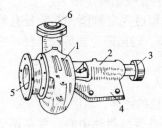

图6-12 AB型离心水泵
1—泵壳；2—轴承盒；3—联轴节；
4—泵座；5—吸水口；6—出水口

国内水泵编号：BA型为单级单吸，SH型为双级单吸，SD、JD为深井泵。所为单吸、双吸是指一面吸水、两面吸水、还是多面吸水的。

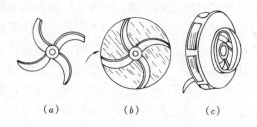

图6-13 离心泵叶轮结构形状
(a) 开敞式；(b) 半封闭式；(c) 封闭式

水泵主要技术参数有：流量（单位是m^3/h或L/s），扬程（单位是m），允许吸上真空高度（单位是mH_2O）。

为保证水泵正常工作，它的安装高度应小于允许吸上真空高度减去吸入管道的阻力损失，否则泵发生气蚀，抽不上水。

2. 专用下水道养护设备一般常识

(1) 专用下水道机具设备知识

1) 机动绞车

下水管道疏通中，对于小的管径和狭窄街巷及特殊的环境无法使用其他下水道疏通设备时，一般使用机动绞车拉泥疏通。因此，机动绞车在下水道养护施工中应用是很广泛的。

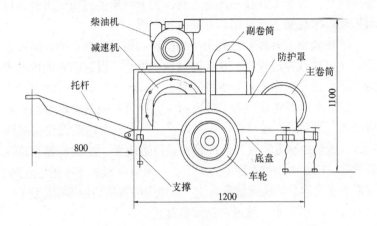

图 6-14　牵引式机动绞车

机动绞车是在工业技术不先进的特定条件下，根据下水道养护施工的需要，由市政养护施工单位技术改革产品发展起来的。机动绞车根据动力不同可分为电动绞车（它是由电瓶车电瓶驱动直流电机式或交流电机外接电源式）、内燃机绞车（它是由柴油机或汽油机作为动力源）。机动绞车根据传动方式不同，可分为机械式（它是由机械传动）和液压式（它是由液力流传动）。机动绞车根据行走方式不同，可分为牵引式、车载式和自动行走式。如图 6-14 是牵引式机动绞车。

机动绞车无论何种型号和规格一般是由以下部分组成：

①动力部分（电动机、内燃机和汽车发动机）；

②取力及传动部分（有离合器、变速器、分动箱、传动轴等，液压传动的包括液压油箱、液压泵、液压马达、各种阀和液压油缸）；

③减速部分（有减速器、行星齿轮等）；

④工作部分（卷筒、钢丝绳、制动器和排序装置等）。

2) 竹片、玻璃钢"竹片"和下水道引绳器

①竹片在下水道养护施工中用于机动绞车疏通下水道时解决穿绳问题。由于工业技术还不发达，加上竹片的材质所决定。目前机动绞车疏通下水道用竹片穿绳很广泛。

②玻璃钢"竹片"是利用半钢性玻璃钢材料制成的。即可卷盘，又可伸直穿通管道。现在玻璃钢"竹片"以它固有的特点成为在下水道养护中不可缺少的工具。

③下水道引绳器是为了解决用人力穿竹片问题而研制的。有电动式、气动式、履带式、支撑式等。下水道引绳器无论何种形式，一般是由动力装置、连接装置、行走装置、控制装置和监视装置等。现在由于技术还不先进，下水道引绳器的技术还不成熟，加之下水道养护的实际情况，使下水道引绳器使用的不很广泛。

(2) 专用下水道疏通冲洗设备常识

1) 通风设备

下水道疏通工作必不可少的项目之一是通风。它不仅对下水养护疏通的工作人员的人身安全是一个关键性措施，同时适当的通风，也可保护设施，防止腐蚀。

下水道通风设备按工作方式不同可分为：

①送风设备：利用具有一定风量、风压的风机风管向下水道及附建物内强制送风，同时打开临近的两个检查井，利用强制送进的风力将有毒气体驱出。有时送风用空压机进行。

②排风设备（或抽风设备）：即利用安放在检查井口的风机向外抽风，同时打开临近的两个井口，利用气体的流动将管道及俯建物内的毒气抽出。

③送、排风设备：即利用双向风机，按工作需要送风，或排风。有时利用一台送风机、一台排风机在相临的两个井口同时工作，以达到比较彻底的对某一沟段的通风效果。

④送氧设备：利用氧气源（氧气瓶）等，通过管路向下水道内工人送氧，或结合送风机向管道内压氧以改善气体条件。但是

此时必须特别注意防火，防止爆炸事故。

根据通风设备的不同动力、安装结构可分为：电动式（即利用电机驱动的单独使用的通风机械）、内燃机独立式（利用汽油机或柴油机作为动力独立使用的通风设备）、车载式（安装在汽车车上，利用汽车动力驱动或具独立动力的中、大型送风设备）。此设备具有机动性强、风量大、风压大、可解决紧急情况及大型管道通风。

通风设备结构比较简单。如采用电机式必须采用相应功率和转速，保证同步工作以使电机可直接与风扇轴联接驱动。如采用内燃机式，就必须有减速、变速机构的离合，联接装置。使用通风设备时必须做到：

①做好设备的保养、检查，传动部位必须有防护措施，各部工作良好。

②做好通风前、通风后的气体检测，如有易燃易爆气体存在，必须注意电器及内燃机防火，要使动力源与井口保持一定距离，利用管路送、排风，严禁明火作业。

③送、排风时要做到有对流产生，利用相邻井口设施造成通风流畅的环境，以防留死角。

④路上排风，必须保护好人身安全及设备安全，设明显标志及围栏，夜间有安全灯标志，对电动式，必须保护好电线电缆以防漏电。

2）顶管设备

下水道养护施工中，在城区遇到需连通管路或更换管道时，由于条件不许大开槽施工时，就必须采取顶管施工。这里只对顶管设备进行介绍。

顶管设备一般由动力源：即液压泵站与工作机构、顶镐组成。

①压泵站：一般为动力、油箱、泵及控制部分一体化。多采用双级柱塞泵。该泵系属阀式配油类型，由电动机带动泵主轴斜盘旋转，缸体固定。柱塞往复运动，使其产生可达 50MPa 的超

高压油供顶镐使用。

泵站组成部分：泵体、变压阀、换向阀、节流阀、低压卸荷阀、高压安全阀和电器控制等。

泵站的特点：a）结构紧凑，维修方便。b）泵站装有高压安全阀、空气断路器等。超过极限压力或电机过载时，能自动溢流或自动断闸，起双重保险作用。c）泵中泵体由高、低压两级柱塞组成。根据需要可调整低压卸荷或安全阀的弹簧钉便能在一定范围内改变压力。低压时流量大。使千斤顶活塞能迅速接近工件，从而减少作业时间。当顶镐活塞工作到最大负荷时，低压油自动卸荷，此时产生高压。

使用该泵，必须保证油液适用，清洁，保证安全。各部连接牢固防止高压伤人。安全阀不得随意改动。随时观察各仪表，发现异常值及异常声音立即停机。

②顶镐

顶镐实际上是一个单杆活塞式液压缸。它由缸筒、活塞、活塞杆、端盖、密封环、套、进油口、出油口、顶足、支架等组成。它的主要参数：

顶出力：即负荷时液压缸的最大作用在工件的力。以 kN 或吨计。一般在 3138kN 或 320t。

工作行程：即顶镐出镐的长度。也就是液压缸活塞杆的行程。此数据关系到顶进作业的工效。

额定压力：指液压系统的工作压力。一般在 40MPa 左右。

顶镐由于是单活塞式，只有一端有活塞杆，所以两腔有效作用面积不相等。如供油压力和流量相等，则活塞往复运动速度不同。在两个流量相等，则活塞往复运动速度不同。在两个方向产生的推力也不相等。当无杆腔进油（即出镐）时，活塞有效面积大、推力大、速度慢；当油杆腔进油时，活塞面积小、推力小、但速度快。

3）小型高压清洗疏通设备

小型高压清洗疏通机是下水道养护的专用机械设备（现在生

产小型高压清洗疏通机的厂家很多，主要有天津通洁高压泵制造有限公司等），主要用于小管径的下水道清洗、疏通，工作场地狭窄的环境。按它的动力源不同可分为内燃机式和电动式。按行走方式不同可分为拖拉式和车载式。按水泵的压力与流量又可分为主要用于下水道疏通式（水泵压力大流量小）和主要用于下水道清洗式（水泵压力小流量大）。但一般来说这种区分并不严格。在下水道养护中清洗时用清洗喷头，疏通时用疏通喷头。

小型高压清洗疏通机的工作原理如图 6-15 所示，它从动力源（发动机）输出的动力通过连轴器传送到高压水泵，使高压水泵工作。从水泵出水口，压出的高压水流通过胶管到喷头后形成多向高压水柱，以一定的角度喷到下水道管壁上起到清洗疏通下水道的作用。同时利用流体对下水道管壁的反作用力，推动喷头在下水管道中前进，达到目的后。喷头在卷管器的拉力作用下，被强制后移。这样往返几次可达到清洗疏通下水道的目的。在发动机工作同时也带动液压系统工作。液压泵输出液压油通过液压油管到多路转换工作阀后，形成工作液压流来驱动液压马达。液压马达带动卷管器工作。

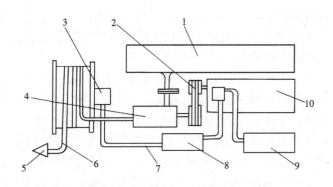

图 6-15 小型高压清洗疏通机的工作原理
1—水箱；2—皮带总成；3—卷管器；4—水泵；5—喷头；6—水管；
7—液压油管；8—液压阀；9—油箱；10—发动机

小型高压清洗疏通机无论何种动力和规格，一般是由这样几个部分组成：①动力部分（内燃机或电动机）；②取力和传动部分（联轴器、长动轴或胶带、减速器等）；③工作部分（卷筒、高压水管、水泵、喷头、操作手柄、水箱）；④液压部分（液压油箱、液压油泵、各种阀、液压马达，液压油管等）。

小型高压清洗疏通机，以其结构紧凑、体积小重量轻、加工制作容易、维修使用方便、经济成本较低、工作可靠性强等特点，在下水道养护中得到广泛使用。已成了下水道养护必备的设备。

3. 下水道养护小型机械安全操作规程

（1）安全用机

下水道养护机械设备种类繁多，结构也较复杂，但任何一种完整的下水道养护机械一般都可以归纳为三个主要部分组成，既原动机、传动部和工作装置。原动机部分，是机械动力的来源，由它提供或转换机械能，在下水道养护机械中原动机常用内燃机（汽油机和柴油机）和电动机，此外也有空气压缩机和混合动力装置。传动部分是将原动机的功率和运动传递到工作装置的中间环节，这个部分一般有胶带、链条、齿轮、连杆等机械零部件所组成。另外也有液压传动系统和电动传动系统等。工作装置部分，这需取决于机械的本身用途。例如挖掘机的工作装置就包括动臂、斗臂和铲斗。例如小型清洗疏通机的工作装置就包括卷筒、高压水管和喷头。

明确了上面所讲的下水道养护机械设备的主要组成部分和作用，对于我们正确、合理安全地使用下水道养护机械设备具有很大的帮助。下水道养护机械设备也和其他机械一样，随着时间的推移，必然会逐渐导致机械性能的降低和损坏。而我们正确、科学、合理地使用下水道养护机械设备就可以推迟整个机械的损坏时间，延长它的使用寿命，从而达到提高机械的工作效率，降低成本的目的，应该说这是一件非常有意义的工作。

要正确、合理和安全地使用下水道养护机械设备，这是一个技术操作工人必须做到的。对于下水道养护技术操作工人，要正确、合理和安全地使用小型下水道养护机械，必须按以下小型下水道养护机械一般安全技术操作规程去做：

1）机械设备的操作人员必须经过专门培训，明了机械设备的基本构造、性能和用途，熟悉机械的操作（驾驶）和技术保养；做到会使、会用、会检查、会排除故障。凡培训人员需经考核合格后，由本单位主管部门审核批准并发给操作证后，方可上岗单独操作。各种自行式机械必须经过车辆管理部门检验合格后，方可驾驶操作。

2）非机械操作人员不允许操作机械，饮酒和患有妨碍操作疾病的机械操作人员不允许操作机械。

3）操作人员工作时，必须精神集中，不准吸烟、吃东西和看报纸或作妨碍操作的动作。

4）操作人员在现场工作时，不得擅自离开工作岗位。不得将机械交给非指定人员操作。

5）机械设备应由专人负责使用和管理。操作人员应严格遵守机械保养规定，认真做好班次保养和一级技术保养。要爱护机械、正常保养、合理使用、正确操作，使机械处于良好状态。每班要及时填写机械设备运转、维修和燃油消耗等记录。

6）机械启动前、工作中和工作完毕后，均应随时检查各部，如发生故障应及时排除，或提出保修意见。

7）机械设备不得带病运转或超负荷作业。如遇特殊情况，必须超负荷作业时，需经过试验、测算，经主管技术领导批准后，方可超负荷作业。

8）严格执行交接班制度，认真填写交接记录，随机工具、附属装置、电器和安全装置是否正常；润滑油、燃油、水以及机械运转是否正常。交接清楚后，开机试运转，接班人确认后，方可接班继续工作。

9）机械设备在运行中，如果发现运转异常，应立即停车，切断动力源，进行检查和修理。

10）在冬期，每日工作完毕或长期停止使用时，必须把内燃机内的水放尽（使用防冻液的除外）。

11）添加燃油或打开加油口检查油量时，严禁吸烟或接近明火。

12）机械设备运转时，严禁进行维修、保养等工作。

13）机械的旋转和传动部分，应加防护罩。机械操作人员上班应穿戴好符合规定的劳保防护用品。

14）使用钢丝绳的机械设备，卡子的勾环心必须放在钢丝绳的短头的一侧。凡是新的机械设备，必须按照技术规程要求，试运转、磨合和执行走合期的使用规定，以防机械早期损坏。

15）工作完毕，首先应将机械停放在安全地带，擦洗干净，按规定进行班次保养后，方可离开工作岗位。

以上内容是人们对实际工作经验的归纳，对正确使用下水道养护机械起到了必要的保证。

(2) 安全用电

在下水道养护机械设备中原动机不少是电动机，而且机械设备中也有不少是需要通过"电"来动作的，因此，掌握安全用电知识，并在实际工作中时时、处处贯彻。对于保障人身的安全和下水道养护机械的完好具有重要的意义。

安全用电的指导思想应以预防为主。预防应从思想业务教育，技术措施等几个方面同时进行，保证上岗制度中内容应包括对下水道养护机械驾驶或操作人员安全用电必备知识的教育，并把它作为一项重要的考核内容，不能有半点马虎。技术措施就是根据触电的原因、规律、形式和种类而制定的每个操作人员应严格遵守的操作规程和安全规程。

对多年来市政下水道养护施工发生的一些用电事故分析，一般可有以下原因：1）没有遵守有关的安全操作规程，人体直接碰触到设备的带电部分；2）人体触及因设备绝缘损坏而带电的金属外壳或与之连接的金属架；3）走近高压线路的接地短路点时。另外也找到一些触电事故的规律：主要有1）季节性触电特别是在夏季高温多雨，大气湿度高，这就使带电设备的绝缘程度降低，同时人体因天热出汗多，这些都是增加触电可能性的因素。2）在下水道养护施工中还是低压用电机械设备多，人们接触的机会多在思想上认为危险不大因而保护不严，不重视，这样触电事故往往发生在这里。3）下水道养护作业往往环境潮湿、狭小、多水等容易发生事故。4）操作人员不熟悉安全用电知识，或对之一知半解，也就容易发生事故。

针对以上情况每个下水道养护机械设备操作人员在使用电气设备时都必须遵守电气设备安全技术操作规程：

①电气设备必须有专职电工进行检修或在专职电工的指导下进行工作。修理前必须切断电源，严禁带电修理电气设备。

②机械设备按规定配备电动机的启动装置。所有保险丝必须符合规定，严禁用铜丝或钢丝代替。

③电动机驱动的机械设备，在运行中移动时，应由穿绝缘鞋带绝缘手套的人员挪移电缆，避免损坏电缆导致触电事故发生。

④电气装置如跳闸时，应查明原因，排除故障后再合闸，不能强行合闸。

⑤设备启动后应检视各电气仪表，并待电流表指针稳定正常后，才能正式工作。

⑥定期检查电器设备的绝缘电阻是否符合规定。不应低于每伏 1000Ω（对地 220V 绝缘电阻应不小于 0.22MΩ）。电器设备接地应良好，必须装有接地线和接零的保险装置，不得借用避雷针地线做接地线。并且不应有漏电现象。

⑦电气机械设备的所有接线柱，应紧固，并须经常检查。如发现松动，须切断电源再进行处理。

⑧各种机械设备的电闸箱内，必须保持清洁，不准存放任何东西。并应配备有安全锁。

⑨用水清洗电动施工机械时，不得将水冲到电气设备上，以免使导线和电器部分受潮发生事故。电气设备应停放在干燥处，现场电气设备应有可靠的防雨、防潮设施。

⑩工作中如遇到停电，应立即将电源开关拉开，等来电后重新启动运转。如修理和保养时，不仅要切断电源、拔下保险丝，

还应在电闸箱上挂上"修理禁止合闸"的告示牌。

⑪工作完毕后,应及时切断电源,并锁好电闸箱。

以上讲的一些是下水道养护机械安全用电内容,切不可小看这些内容。它是用生命和伤痛换来的教训与经验。当然对有特殊要求的机械电气设备,还须请电气专业技术人员详细介绍其安全用电的规程。

(二) 专用下水道养护机械设备

下水道养护施工专用机械设备,经过几十年的努力,通过工业革命发展、科学技术进步,已经初步形成了比较完整的配套体系。它主要分为两部分:一是下水道管道清洗疏通养护设备;二是下水道检测设备。

下水道养护施工专用机械设备的技术水平可分为几个层次:(1) 先进的机电液—微机控制整体环保型;(2) 先进的机械,液压电子控制综合型;(3) 机械、液压综合型;(4) 机械动力配套型;(5) 机械人力驱动型。

下水道养护专用机械设备的来源可分为:(1) 引进国际先进综合性大型下水道疏通车;(2) 市政专业生产厂研制的专用设备;(3) 市政养护维修单位自行研制的技术革新产品。

下水道养护专用机械设备一般由动力装置、传动机构、工作装置和操纵系统与制动组成,而大部分下水道养护专用机械设备还有行走(或移动)装置,其机械的性能基本上取决于上述各部分的功能及其组合,尤其是工作装置的功能,下面简单介绍一下。

1. 基本构造、性能、用途、使用方法和工作原理

机械是一个科学的、有机的综合体。从表面看机械设备五花八门、形态各异、作用不同,它们具有各种各样的结构与传动形式以适应不同工艺动作与具体工作条件的特殊要求。但是,机械设备总体上都是由动力装置、传动机构、工作装置和操纵与制动

系统组成。

(1) 基本构造、性能

1) 动力装置（部分）：它是机械设备动力来源，通常包括内燃机（汽油机和柴油机）、电动机以及外燃机。

①内燃机：把热能转变为机械能的发动机叫热力发动机，热力发动机的热能是由燃料（汽油、柴油、煤油、天然气）的燃烧而产生的，按热能的获得方式可分为内燃发动机和外燃发动机两种，现仅介绍内燃机。

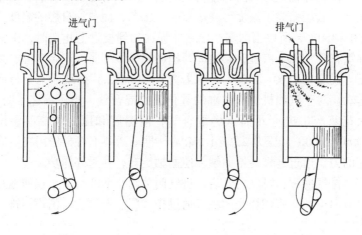

图 6-16 四冲程发动机工作简图

内燃机的工作原理：它燃料的燃烧是在汽缸内部进行，用汽油作燃料的内燃机叫汽油机，用柴油作燃料的内燃机叫柴油机，习惯上内燃机亦可称为发动机。在发动机汽缸每产生一次动力必须经过进气、压缩、作功、排气四个过程，在汽缸内可进行的这四个过程叫作发动机的工作循环如图 6-16 所示，活塞在汽缸内移动四个冲程或曲轴每转两周（即 720°）完成一个工作循环的发动机，称为四冲程发动机。现分述如下：

进气冲程：冲程开始时，活塞位于上止点，此时进气门开放，排气门关闭，活塞由上止点向下止点运动，混合气由进气门进入汽缸，当曲轴转动180°又从上止点移动到下止点时，气门关闭，进气冲程完成，故进气终了的气压低于外面的大气压力，其压力为0.07~0.095MPa。

压缩冲程：进气门关闭，活塞由下止点向上止点移动，而使空气受到压力，压力增大，温度升高；当压缩终了时，其温度和压力，汽油机为300℃和0.6~0.9MPa，柴油机为600~700℃和3~5MPa；当活塞由下止点移动到上止点时压缩冲程终了。

作功冲程：进气门和排气们仍然关闭，对于柴油机由于压缩比高，故压缩终了温度可高达600~700℃，而柴油自燃的温度为350~450℃，所以当活塞在压缩冲程运动到接近上止点时，由喷油嘴将柴油喷入汽缸，柴油即开始燃烧气体膨胀，产生高温、高压（温度为1800~2000℃，压力为6~10MPa）推动活塞下行而作功。对于汽油机进入汽缸的雾化了的混合气，当压缩终了时，火花塞产生电火花而点燃混合气，使温度和压力增高（温度1900~2400℃，压力2.2~4.2MPa），推动活塞下行，作用在活塞上的力，通过连杆传给曲轴，使曲轴旋转，并对外作功。

排气冲程：排气门开启，进气门关闭，活塞由下止点向上止点方向运动，将燃烧完的废气通过排气门、排气管、消声器排入大气中。

由上可知：四冲程发动机在每次工作循环中，进排气门各开闭一次，活塞上行下行共四次，曲轴转旋两周（720°），其中只有一个冲程作功，其余三个行程都需要消耗功的辅助行程。

发动机的组成和作用：a) 曲柄连杆机构，它的作用是承受汽缸内可燃混合气燃烧膨胀的压力，而使活塞上下往复运动为曲轴旋转运动，从而将动力输出，曲柄连杆机构主要包括汽缸、活塞、连杆、曲柄飞轮等机件。b) 配气机构，它的功能是按发动机工作过程的需要而开启或关闭气门，使汽缸按时吸入空气（或混合气）和排除燃烧后的废气，并保证在进气时尽可能多、排气后汽缸中残余气量尽可能少。配气机构主要包括进气门、排气门凸轮轴及正时齿轮，并与曲柄连杆机构配合，以曲轴转向来表示气门开启关闭的时刻为配气相位。c）润滑系统，它的作用是润滑油在摩擦表面流动时可冷却表面，冲洗摩擦表面减轻对零件表面的磨损作用，密封汽缸与活塞的间隙保证压缩和作功行程不漏气，防止机件生锈。d）冷却系统，它保证发动机工作所需的正常温度，防止发动机过热，使机件损坏。其方法有水冷却和空气冷却两种。而风冷是利用气流对发动机冷却，水冷却是用冷却水循环流动来保证发动机正常工作温度，并由水套、水泵、风扇、散热器等组成。e）燃料供给系统主要包括燃油箱、燃油滤清器、化油器（汽油机）、燃油喷射装置（柴油机）、空气供给装置和调速器等部分。f）点火系统它由蓄电池、发动机、磁电机（断电—分电器）、点火线圈、火花塞等组成。g）启动装置它是用来启动发动机的。一般采用手摇把或拉绳，对启动困难的发动机用电动机或专用启动马达。

②电动机：它是广泛采用的一种动力机械，有直流与交流两种。在交流电动机中一般为互相同步电动机和互相异步电动机，常用的是互相交流异步电动机。

三相交流异步电动机的工作原理，是当三相交流异步电动机定子三相绕组中通入对称的三相交流电时，在定子和转子的气隙中产生一个旋转磁场。该磁场切割转子导体，在转子导体中产生感应电势。由于转子导体两端被金属环短接而形成闭合电路。因此，在导体中就出现感应电流，由于旋转磁场和转子感应电流间的相互作用产生电磁力 F，在 N 极范围内导体受力方向向左，S 极范围内导体受力方向则向右。这一对电磁力对轴形成一个旋转磁场。同方向的电磁转矩转子在电磁转矩的作用下沿着磁场方向而转动，这时如果电动机轴上机械负载，则电动机将输出机械能。也就是说电动机由定子绕组输出电能，通过电磁感应将电能传递给转子转换为机械能输出，这就是异步电动机工作原理。三相异步电动机的主要额定数据的意义：

a）额定功率 P_e；是在额定运行情况下，电动机转轴上输出的机械功率（kW）。

b) 额定电压 V_e；在额定运行情况下，定子绕组端所加的线电压。如 200/380V。

c) 额定电流 I_e；在额定运行情况下，定子的线电流值，通常对应定子绕组的两种不同接法，也标出两种电流值（A）。

d) 额定转速 N_e；在额定运行时，电动机的转速（r/min）。

e) 额定功率因数 $\cos\phi$；电动机在额定转速状态下，定子相电压与相电流之间相位角的余弦。

2) 传动机构：它是将动力装置的运动与动力传给工作装置的中心环节，通过离合器将动力经传动机构来改变运动形式与运动变速度，一般分为变速机构和转换机构两类。

① 变速机构是改变速度的机构。在实际工作中常常存在工作（装置）机构与原动机之间速度不协调的现象。而变速机构就是解决这个问题的机构。如齿轮传动、皮带传动、链条传动和蜗杆传动等。

② 转换机构是改变运动形式的机构。在实际工作中常常存在工作（装置）机构与原动机之间运动形式不一样的现象。而转换机构就是解决这个问题的机构。如曲柄摇杆机构等。一般来说机械设备的传动（部分）机构常用的有离合器、变速器、传动轴、带传动、链传动、液压传动等。

离合器是传动机构的一个重要组成部分，它的功能是保证动力源与传动部件平稳的连接。

变速器是传动机构的一个重要组成部分，它的功能是把原动机的输出速度按工作装置的需要而变换。

传动轴也是传动机构的一个重要组成部分，它分为心轴和转轴。它的功能是可长距离传递速度、功率，并且是高速运动件。

带传动是靠带与轮面间的摩擦力传递动力的，它具有简便易行，经济实用的优点，但也存在传动中打滑，损失动力，不适合高速运动和大功率传递。一般常用的是三角带。国家标准分为 O、A、B、C、D、E、F 等型号。按尺寸序列，A 型大于 D 型。B 型大于 A 型……F 型。为了提高带传动的寿命，保证带传动的正常运转，必须正确使用和认真保养维护带传动。一般应注意以下几点：

a) 安装皮带时，一般应将中心距调小后安装。不宜硬撬以免损坏带结构，降低带的使用寿命。

b) 带传动不宜油润。此外带应避免在阳光下直接暴晒。

c) 对于根数较多的带传动，如果坏了一根或少数几根，应全部同时更换，不宜逐根调换。

d) 为了安全生产，带传动必须设防护装置。

e) 带在工作一段时间后要产生塑性伸长，使张紧力逐渐降低，因此，需要由张紧装置重新张紧带。

一般来说皮带传动还包括平皮带和齿形带传动。

链传动也属于具有挠性件的传动，也属于啮合传动，所以它能传递的最大功率比带传动大，并且能适应比较恶劣的场合，如高温、多尘、淋水、淋油等。

为保证链传动的正常工作，应注意以下问题：

a) 为保证链条与链轮的正确啮合，链传动装置要精确安装，以保持两轴相互平行及两轮位于同一平面内，否则将引起脱链或不正常的磨损。

b) 为保证安全，防止灰尘入侵，减小噪声以及便于采用最完善的润滑方法等目的，通常把链传动封闭在特制的护罩中。必须保证润滑，以延长链的寿命。

液压传动是科学技术提高的产物，并且日益显示出它的技术优势。液压传动一般由四部分组成。

a) 动力部分：是将原动机的机械能转换为液压能的元件如液压泵。

b) 执行部分：是使液体压力能转变为机械能的元件，如液压缸，液压马达等。

c) 控制部分：是用来控制液体压力。流量和液量的方向的元件，如溢流阀、换向阀等。

d) 辅助部分：是用来输油、集油、储油以及其他一些保证液压系统正常工作的元件，如：管路、油箱、滤芯等。

液压传动的优点：它与机械传动相比，传递同样载荷，所用传动体积小、重量轻。结构简单、安装方便，易于完成各种复杂的工艺动作。容易实现无级调速，调速范围可达到 1000∶1，并且运转平稳。操作方便，易于实现自动化。液压传动易于通用化、标准化、系统化。液压传动设有安全阀，可以实现过载保护，并能使摩擦表面得到自行润滑，这就大大提高了机械工作的可靠性及延长其使用寿命。

液压传动的弱点：液压传动零件加工和部件装配精度高、价格贵、使用和维修技术水平要求高。系统受温度的影响较大，尤其液压油。液压油要求较高：亦有合适的黏度，黏度随温度变化小，优良的润滑性，防腐和化学稳定性。杂质少、闪点高、凝固点低等。

3）工作装置：它是直接实现施工工艺操作的动作部分，如挖掘机的挖土斗等，工作装置随机械的不同而异，它的设置必须与动力与传动相互协调，以发挥整台设备的作用。

工作装置要有可靠性：既工作装置要与动力、传动机构有可靠的联接。首先，要采用有效的工艺、技术，将动力可靠地传递到工作部分。其次，工作机构的制做，必须有可靠的技术予以保证，要有抗疲劳、耐久，要能承受动力及工作部分的冲击。最后，要提供可靠的劳动成果。也就是说只有工作部分的可靠工作，才能使动力、传动机构不至于前功尽弃，才能达到预期目的。同时，可靠性，也意味着可靠的技术操作。

工作装置要有安全性：既要以安全生产为保证，要严格按照规章制度、操作规程办事，各部安全装置必须有效，同时设备的安全防护措施要在作业中有效地发挥作用，有效地防止人身事故及机械事故发生。

工作装置要有经济性：既要算经济帐，机械设备的使用全过程是要创造经济价值的，没有经济价值，设备就没有必要。要根据设备的性能合理使用，避免大马拉小车、不适当的使用等，使设备既不超负荷运转，又能充分发挥作用；使设备尽可能最大地在使用过程中创造最大的经济利益。

4) 操作与制动系统：机械设备要实现预期的目的，完成预定的工作，必须有完善的操作与制动系统以进行有效的控制。

①操作系统，一般有手动操作系统、气、电动操作系统、液压操作控制系统、电子传感控制系统等几种方式。

手动操作：即以人力为动力或人工为主，机械为辅操作机械。如人力绞车是纯人工操作。而杠杆式离合器、制动装置、转向机构等，是通过人力进行机构的转变。

气、电动操作系统：在方向、刹车、变换工作装置、开动某项功能机构时，采用空气压缩机产生的压缩空气或利用电力驱动，使作用在工作机构的操作控制由人力变为利用气压、电力来解决。这样，减轻了劳动强度，提高了机械设备的灵敏性与可靠性。

液压控制系统：进入20世纪80年代，液压技术被广泛地采用。在方向、制动、操作工作装置上，液压技术的采用，使人力操作机构变为开闭阀门。由于液压机构无级可调，并不受通过路线条件限制，可以使机构完成机械式不可能实现的作业。

电子控制与遥控系统：在现代化机械设备上，电子控制已普遍采用。如摊铺机的电子自动调平装置、振动压路机的电子自动测振幅装置等。在一些设备上，单扳机被采用，使工作程序自动控制，并且在某些大型施工机械上实现了遥控，使操纵人员避免了在恶劣环境中作业。现代化机械设备中，对操作人员的舒适性很重视，工作条件有很大的改变。

②制动系统，从动力形式上可分为，机械式制动和利用介质制动。按制动部位及方式可分为：手制动器、车轮制动器、机构制动器等。

a) 机械式制动由人力通过杠杆作用，使制动部件运动，实现制动。由于该制动方式劳动强度大，不可靠，已逐渐被淘汰。

b) 利用介质制动：即通过人力推动油液使制动部件运动实

现制动，还有采用气压助力式（即气顶油）或真空助力式（利用发动机运转产生真空作用力辅助制动作用）。

c）手制动器，也叫停车制动器，一般只在停车及上下坡起步等使用。

d）车轮制动器，有蹄式与盘式两种。

e）机构制动器，有带式与多片式两种，其特点是制动作用不在车轮上而是在动力输出机构上。

制动器是机械设备必不可少的安全保证机构，必须做到有效、可靠，经常检查维修、保养。

以上是一般机械设备的基本构造，下边介绍专用下水道养护机械设备。

（2）吸通设备

吸通设备是指吸泥车。吸泥车是用于下水道清理的一单功能特种车辆，它一般是由汽车底盘，通过取力器输出，带动吸泥装置而进行吸泥作业，此车一般均有自带污泥罐并有自卸及清洗装置。根据汽车底盘不同可分为130吸泥车、解放吸泥车和东风吸泥车 如图6-17所示，现在国内有用东风汽车底盘生产的5091GXWZ型真空吸污（泥）车。国外有伐克多吸泥车，阿科泰克吸泥车。根据吸泥装置的不同，一般分为风机式吸泥车和真空式吸泥车两种。

1）风机式吸泥车

该车的工作原理是：利用汽车本身的动力源（有用单独发动机的），通过从变速箱上的取力变速装置把功率传给风机，使其高速旋转。通过风道、储泥罐、吸引管等装置。在吸引管管口处形成一种高速高压气流，物料在其作用下沿吸管被送入罐体内，经罐体内的分离过滤装置使介质留在罐内。经过滤后的空气经风道被风机吸出，排入大气，从而达到清污的目的。

风机式吸泥车的工作特点：

①不仅能清理水泥混合污物，也能清理雨水口半湿状、半干状污物。对颗粒也清理、对板结物可以利用管口刀齿破碎后清

图 6-17 东风吸泥车

理。

②排卸污物时,罐体液压控制自动倾斜,罐盖可自动打开。排污彻底,操作简单。

③该车吊杆在平面内可以回转,上下有行程。利用专用开关,可根据不同吸深要求,任意调整吸管高度。

④罐内有污水分离装置,可以有效地利用罐容积,提高功效。

⑤该车有压力水箱,可以利用清水清洗罐体及罐口。罐体并设有满量报警装置。

该机的主要结构及组成部分:

①传动系统:有取力箱、转动轴、离合器、变速箱和操作装置、液压油箱、油路、齿轮泵等。

②罐体装置:组成部分有罐体、滤窗、活动风道、防水阀、进泥口、挡泥板、分离板等。

③风机及固定风道:风机是配套选用的,是由专业生产厂家制造的,它的工作原理和构造这里就不介绍了。

④吊杆装置：组成部分有转轴、升降油缸、胶管、接盘等。
⑤罐口加紧、锁紧装置（有机械式或液压式）。
⑥压力水箱：系由汽车空气压缩机供气压缩喷水。
⑦吸泥管。
⑧液压系统：组成部分有液压油泵、油缸、换向阀、安全阀、电磁阀等。
⑨其他装置。

风机式吸泥车的吸物作业适应性强，可进行多种作业。但注意在使用时应做到：

①做好全车保养。
②操作液压装置动作要平稳，不要用力过猛。
③保证各个装置密封良好，紧固牢靠。
④吸泥时，不要将管口插入泥水中，应保留 100mm 左右，以保证吸管处通气。
⑤工作后必须清洗罐体，尤其是罐口。
⑥卸泥时应在风机工作时，使罐内形成负压状态下打开锁紧装置，卸泥时人员必须闪开至安全部位。
⑦冬期水路要防冻。

2) 真空式吸泥车

该车的工作原理：也是利用汽车本身的动力，从该车本身的变速箱，通过取力箱的输出轴到皮带后传给真空泵，通过吸空管将污泥罐内的空气排除，形成污泥罐内负压，这样，在吸管口处由于大气压力，将污物压入到处在负压状态的罐体内。真空泵连续的工作，污泥罐内保持负压。直到罐体内装满污泥。

真空式吸泥车的主要结构和组成与风机式吸泥车一般是相同的，惟一不同的是真空吸泥系统。

真空式吸泥车所用真空吸泥系统一般组成有真空泵（包括泵体、泵轴、泵芯、叶片、弹簧等）、进排气道，安全阀、润滑油路、油水分离器、气水分离器、仪表等。真空泵可换方向，作为正压供气，利用压力（压水冲水）将水从水罐经水管排出。

真空式吸泥车吸管的工作位置与风机式不同。它要求使用时必须把管口插入泥水中。以保持罐内的真空度。它最适合在水中捞泥作业，而风机式吸泥车适宜较稀的污物和干料。现在经过技术进步，新研制的风机式吸泥车也可以将专用吸管插入泥水中，抽吸污物，但使用效果明显不如真空式。

风机式吸泥车与真空泵式吸泥车，哪种先进现在还不能断言。风机式吸泥车开发的比较晚，技术体现与实际使用还有待于完善。一般来说在相同的条件下风机式吸泥车的风机体积较大，配套的动力也较大，并且多安放在大型汽车底盘上，致使风机式吸泥车的工作场地较大。但是风机吸泥系统很简单。真空泵式吸泥车的真空吸泥系统，要求污泥罐密封度高，致使加工制造难度加大。总之，风机式吸泥车和真空泵式吸泥车各有所长，都有发展前途。

(3) 疏通冲洗设备

疏通冲洗设备这里指的是下水道冲洗车。它也是单功能下水道疏通冲洗设备。国内有用解放汽车底盘生产的解放冲洗车如图6-18所示，有用五十铃汽车底盘生产的 BGJ5060GQXA 清洗车，有用东风汽车底盘生产的 BGJ5110GQ 型清洗车。国外有用福特汽车底盘生产的伐克多冲洗车和阿科泰克冲洗车。在工作装置的水路总成中，高压水泵有用往复式活塞水泵，也有用三柱塞水泵。在这部分侧重于讲冲洗车的工作装置的油路、水路、喷头选择，冬季排空作业等。该车底盘部分从略。

冲洗车的工作原理：利用原车动力，从取力箱把动力通过胶带（也有通过液压控制系统的），传给高压水泵，使高压水泵工作。从水泵出水口压出的高压水流通过胶管到喷头后形成多向高压水柱，以一定的角度喷到下水道管壁上起到清洗疏通下水道的作用。同时利用流体对下水道管壁的反作用力推动喷头在下水管道中前进。达到目的后，喷头在卷管器的拉力作用下，被强制后移。高压水射流束清洗下水管子的内壁，将污物带至井口，从而达到清洗管道的目的。

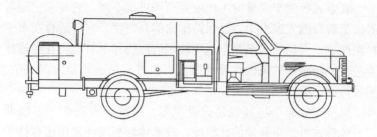

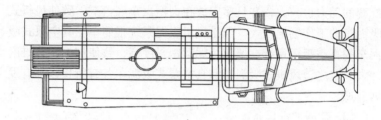

图 6-18 解放冲洗车

冲洗车可以用来清洗下水道沉积泥砂。可以打通下水道堵塞。可以清洗雨水口、检查井、过河道虹吸管。也适用于清洗各种构筑物。它的结构简单，液压传动，备有各种喷头、喷枪，使用范围广泛。一般情况下水压、排水量适当。冲洗效果较好。并可降低下水道维护费用。

冲洗车的工作装置主要组成部分：

1）动力部分：由汽车变速箱，经取力箱通过传动轴和胶带（也有通过液压控制系统的）传给高压水泵。

2）三柱塞水泵或往复式泵（后边详细讲解）。

3）水箱水路：水罐有入口、上水口及滤水器。压力水由水泵输出后，由溢流阀控制过分压力，然后，集水器通过各个阀门，分配给喷头球阀，经回转接头、卷管器、高压管进入喷头或喷枪进行冲洗工作。压力水还可以供到洗管器清洗高压管外壁。

4）取力箱与油路系统：取力箱从汽车变速箱取力，并直接带动油路系统的齿轮油泵,高压油经齿轮泵泵出后,经过溢流阀、转向阀、操纵液压马达正反旋转工作,以驱动卷管器进行收放管的工作。

5) 卷管器和布管器安在车后部。卷管器由液压马达驱动。高压水经回转接头通过卷管器,并进入高压胶管到喷头。布管器可将卷管器收回的胶管整齐排列在卷筒上。

6) 操纵盘:有放在车前的也有放在车后的(伐克多冲洗车在车前、阿科泰克冲洗车在车后)一般说来是与高压水管的卷筒在一起。其上装有冲洗所需要的各种操纵杆和压力指示器,水位指示器等。

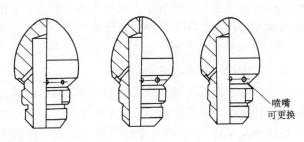

图 6-19 喷头简图

7) 喷头与喷枪,喷头分为组合式与整体式两种。组合式喷头分为前后两部分,喷嘴可拆卸、更换、调节水量,以适应各种作业。整体式喷头又分为两种形式如图 6-19 所示。前端有喷孔的适用于堵塞管道的疏通清洗;前端无孔的用于下水管道养护清洗。由于喷孔的孔径不同,数量的多少不同,故能选择不同的压力和流量。根据物理原则,压力取决于阻力,同时,在射流中压力与水流量成反比。即压力高、流量小;压力低、流量大。下水道清洗时水流量是主要的,为保证清洗也需要一定的水压力。下水道疏通时水压力是主要的,为保证疏通也需要一定的水流量。因此冲洗(射流)车的压力一般选在 8~140MPa 之间。压力过大会损伤管道、还会损伤水泵。流量一般在 120~200L/min 之间。

冲洗（射流）车的用处很广，特殊的用途是专用（特殊）喷头（如切树根用的）干一些特殊的工作。这里就不一一列举。

喷枪为手持式，可以变水流为雾状或射流状。

使用（高压射流）冲洗车重要的是冬期放水排空，这是使用者必须注意的问题。进入冬期前，应将各部阀门打开排水，利用打泵旋转，并转动卷管器，同时拆下喷头，逐步排空水系统中的存水。三柱塞式水泵和杆式往复泵，由于高速运动不可空转，除了排水低速运转外不得无水空转。

使用（高压射流）冲洗车：①必须经常维护保养，保证各部状态良好。②零度以下气温不得作业。如有保温车库，并且在工作装置的水循环系统良好的情况下，可在零下5℃以上工作。③高压水枪注意不要伤人。④水泵要限速使用，无水时不得使泵运转。⑤高压水管不得有死弯和挤压。

（4）吸通、疏通冲洗联合设备

下水道养护综合作业车是一种大型下水道吸通、疏通冲洗综合功能的联合作业车。它是把真空吸式吸泥系统（或风机式吸泥系统）和高压冲洗疏通系统合在一起，并带有泥水分离装置，形成的联合作业体。目前国内还没有生产这种下水道养护综合作业车。我们使用的是引进国外的产品。由美国生产的安装在福特底盘上的阿科泰克 C-3000 型下水道冲洗吸泥车和伐克多 810 型下水道联合疏通车，瑞典生产的斯堪尼亚下水道综合作业车。意大利 CAPELLOTTO 公司生产的安装在奔驰底盘 CAP RECY2600 污水再循环式联合管道疏通车。根据下水道养护大型综合作业车（联合疏通车）的不同技术装备。这里主要介绍的工作装置是往复杆式泵、风机吸泥的伐克多，三柱塞泵冲洗、真空吸泥的斯堪尼亚。

1）伐克多 810 型下水道联合疏通车

伐克多 810 型下水道联合疏通车是专门设计供城镇雨、污水管道系统之用。该机附带所有一切清洗下水道所必须的设备，因此可以节省时间，并不需动用几辆专用车来作业即可完成清洗下水道的全部作业过程。

使用该机,如图 6-20 所示,只要从机上卸下喷嘴、导管(小喷管)和真空管。把高压水管的喷头放入管道检查井口内。该机的强大有力的高压水泵,可用高压水来驱动喷头沿管道往前推进,在其独特的水压式水击作用下。高压泵送出的高压水流,通过喷头产生巨大的压力,击碎下水道内的污物。污物在喷头喷出旋转高压水流不断冲击下粉碎。然后沿着管道内壁回流到导管

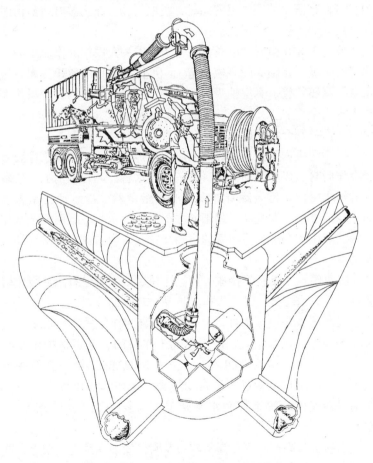

图 6-20 伐克多下水道联合疏通车工作简图

插入的污水检查井。污物便可被风机吸入机上的污泥罐内。且可自行卸出。这些作业是一次性同时进行完成的。它同时可清洗检查井和雨水口、附建物。它还可以用于污水厂的清理作业及对各种路标、路志、清除杂草等作业。

伐克多810型下水道联合疏通车装有储水箱供高压水泵用水。高压水泵以汽车原发动机作为动力靠液压系统操纵工作。车上还有风机吸泥系统（工作原理后边介绍），它由车上的辅机驱动，可在高压水冲洗管道的同时，吸取污物。车上装有密封污泥罐，用以储、运、卸污泥。

伐克多810型下水道联合疏通车仅需一人操作（作业中需要施工安全员、相临井距观察员等），机上所有的控制开关如高压水泵、高压软管、真空抽吸装置等均设在车前头，以保证操作人员人身安全。

下面分别介绍组成部分：

①污泥罐：为圆形由高强防腐钢板焊成，罐门用氯丁橡胶密封圈作门封，以防渗漏。罐身有一根排水管，芯在罐门上，使多余的污水由此排除。罐身外设有液量指示器，指示污泥是否装满。罐前方装有滤气屏，用于滤去空气中的灰尘。罐两侧装有卸泥用的液压举升缸。污泥罐的自卸装置在车前右侧，以保证卸泥安全。

②水箱：用钢板焊接成。内涂防锈层。水箱设有防虹吸作用装置，并有水位计。设在操作人员易于观察的位置。

③高压水泵（喷射冲洗）：高压水泵为往复式活塞水泵，该泵动作慢，但压水量大，即可达到工作目的，又可保护水泵减少磨损。此泵流量为200L/min，压力为14MPa。设有调节阀可调节流量。工作流量过大可自动报警。操作人员可以在不改变发动机转速的情况下控制水泵开关。水泵往复一次约需5s左右。

④喷头与高压软管：高压软管及附件安装在独立支架上，并可在车架上卸开，卷筒向前或向后卷管是通过机构内设置的液压

传动机构进行的，卷筒的转速及方向都是由操作人员控制。喷头的所有操作开关均安装在卷筒前的操作板上。

软管长达183m，喷头是用加强工具钢制成的。并附带导管器。必要的工具可引导高压软管进入污水管道内。此外，另有高压水枪。

⑤空气输送（风机真空吸泥）系统：伐克多810型下水道联合疏通车采用风机式吸泥系统。即利用一台高压风机（抽风量1180L/s，工作风压2.286mH_2O）迅速将罐内空气排出。形成罐内真空状态。并利用高速流动的风流，将污泥等杂物带入罐内。风机由一台100马力的发动机驱动。吸污泥时必须与被吸物质保持一定的距离。

⑥吸泥管：它装在车前方可使车停在检查井前以便清理污物。并给操作人员以安全的位置。吸泥管与一悬臂相接。该悬臂能在人行道一侧水平、垂直方向移动。在主干道一侧伸展3.35m。

悬臂用电动液压传动系统控制。吸泥管的操作则通过液压系统驱动，由操作人员按按纽即可实现。吸泥管直径8in，可分段接长。由于一段连装压力胶管。该管可弯曲，可吸深6m。

在使用此车时应注意：a) 压力过高（在正常范围即可），发现异常时，要立刻停机。b) 卸泥时，人必须按操作规程躲至安全位置。c) 各阀门（不确定工作项目时）不得乱动，以防损坏设备。d) 使用高压水枪注意避让以防伤人。e) 作好例行保养。冬季放净水作好防冻。

2）斯堪尼亚下水道综合作业车

斯堪尼亚下水道综合作业车的冲洗、吸泥作业原理与伐克多810型是相同的。结构基本一样。只是采用了不同的高压冲洗泵和真空式吸泥泵（不用附机驱动）这里侧重介绍一下高压水泵和真空式吸泥泵。

①高压三柱塞水泵：斯堪尼亚下水道综合作业车用的是高压三柱塞水泵。此泵由泵体、曲轴、连杆、柱塞、进水阀、限压

阀、旁通阀、滤水器、附件等组成。曲轴箱内有润滑油润滑。

此泵是由汽车变速箱动力取力器输出驱动。三柱塞交替高速往复运动，每个柱塞在后退——吸水，前进——压水。这样形成了连续压水。由于柱塞配合严密，对水质要求较严，必须经过滤清的清水，要经常检查清洗滤清器。并要按规定对水泵进行定期保养。

②真空式吸泥泵：斯堪尼亚下水道综合作业车用的是真空式吸泥泵。该泵由泵体、冷却水管、泵芯、刮板、进排气阀、润滑油泵及油路、液压驱动马达、冷却水散热器、安全阀、换向杆、仪表、油水分离器、汽水分离器等组成。

该泵利用刮板轴转动，将空气压缩、排出。使污泥罐形成真空负压。以利于吸入污泥。该泵可以利用换向阀，将排气变为压气。将压缩空气压入污泥罐，协助卸泥。为了防止该泵过热，还设置了水冷却装置。同时该泵还可将油水、汽水分离，以保证真空泵正常工作。同时防止污泥灌入真空泵。安全装置可在超压时放气，保证安全。

斯堪尼亚下水道综合作业车使用原车发动机驱动工作装置，不设附机。罐体为通体隔开式，即污泥罐与水罐隔开式。

2．维护保养与故障排除

机械设备每班、定期进行维护保养是延长使用寿命、避免机械设备损坏、提高机械设备经济效益的必要手段之一。在机械保养方面。我国实行四级保养制，即例保和一、二、三级保养。现在随着工业革命的发展，科学技术的进步。国外大量先进机械设备的引进。我国也逐步开始实行点检制、仪器检测制与项修制的机械设备保养维修原则。

机械设备使用中对发生的故障急时排除，也能避免机械设备带病运转而损坏，影响使用寿命。所以机械设备操作人员了解设备保养知识、掌握机械设备例保、学会设备故障排除是很有必要的。

（1）维护保养

下水道专用机械设备吸泥车、射流车（冲洗车）和下水道联合疏通作业车，一般来说是由动力部分、传动部分和工作装置这三部分组成。而动力部分传动部分是汽车底盘部分，对于它的保养要按生产厂家的保养规定执行。这里主要介绍工作装置的一般保养。

1）保养规定

①每日保养：a）检查高压水管、高压射流管有无破损、泄露。b）检查高压油路（有气路检查气路）接头有无破损、泄露。c）检查所有阀门、接头、操作控制位置与功能位置是否正常。d）检查水泵滤水器，必要时清洗。e）检查水泵、真空泵、风机，各取力器润滑油位和液压油位。f）检查所有润滑点。

②每周保养：a）检查卷管器驱动装置（有液压马达带动链条的，有电动的）。b）检查卷管器轴承，调整螺栓和螺母。c）检查水泵驱动系统（有用液压驱动的，有用机械驱动的）。d）检查分动箱、取力器和万向节和轴承。e）检查水泵滤清器。f）拆下清洁排风机（真空泵是汽水分离器）滤清器，清洁滤器壳。g）检查液压系统滤清器芯，必要时清洗或更换。h）检查水泵、风机（或真空泵）各取力器润滑油、液压油必要时加添。i）检查水泵离合器盘（液压驱动的水泵没有离合器）是否有过度、不正常磨损，清除杂物、灰尘与锈。

③每6个月保养：a）检查水泵中的阀、弹簧、填料（往复杆式水泵没有填料）。b）检查卷管器支架、螺栓、销轴磨损情况。c）检查污泥罐内涂层，必要时重涂。d）检查取力器、驱动轴松动、磨损、轴承等。e）检查排气系统的泄露，过热情况。f）检查污泥罐密封情况。

2）保养具体方法

①吸管：检查确定管体无泄露后，主要检查吸管用快速连接卡是否卡紧。可通过调紧锁扣螺栓调紧锁力。

②后门（后罐封）：主要保证其清洁和润滑门轴。

③卷管器：它的保养只局限在润滑、调整驱动链和填料密封

的调整以防止卷管器回转接头漏水。

④液压系统：它的保养是观察是否亏液压油、滤芯是否干净。如更换液压油要按生产厂家要求的品牌。

⑤水泵：它的保养只局限滤清器是否干净、有无异响，如是三柱塞泵是否亏润滑油；如是往复式杆泵液压控制反向、时间是否正常。它的拆卸要去专业修理厂。

⑥吸泥系统：它的保养对于真空泵式一般是检查油水分离器、汽水分离器是否干净。润滑油亏否，有无异响，仪表是否正常、安全阀工作是否正常。对于风机式要检查有无异响、转速、风是否正常，它的拆卸要去专业修理厂。

（2）故障排除

下水道养护机械设备有很多种类，出现的故障也是很多的。有些故障必须去专业修理厂解决。这里仅介绍下水道联合疏通（包括吸泥车、射流车或清洗车）一般故障的排除。

水系统（使用三缸柱塞泵）故障：

1）如果水压低：

可能是喷头孔磨损（换新喷头）；

可能发动机转速不够（提高发动机转速）；

可能水控阀漏（清洁、换密封）；

可能泄压阀漏或失效（更换）；

可能水泵供水不足（更换清洗滤水器）；可能泵密封漏（更换密封）等。

2）如水压高：

可能喷头堵塞（需清洗）；

可能使用不正确的喷头（要更换）；

可能泄压阀调不正确（需换合适阀）。

3）如水泵内有水锤声：

可能水泵供水不足（需清洗进水管、滤水器，打开闸板阀）；

可能蓄能器失效（充蓄能器，直到规定压力）；

可能阀与阀座磨损（检查，必要时更换）；

可能阀簧断（检查，必要时更换）；

可能水泵润滑油面低（检查、加添）；

可能泵内有空气（通过排气阀排气，拆下喷头泵水直到水流持续、平稳）。

4）如压力表有足够压力，但射水管、水管（喷头）不向前走或不到另一个井口：

可能喷头使用不正确（换正确喷头）；

可能压力表读数不准（检查压力表，有问题更换）；

可能射流管障碍（检查，射流管内是否有压力）；

可能管线坡度大（大于3%坡度的管线很难使喷头前进）；

水系统（使用往复式杆泵）故障：

①全行程中，水压下降，水泵不泵水：

可能是水滤器堵塞（清洗进水滤网，滤网堵塞）。

②水泵双向不泵水或单向不泵水：

可能是水滤器堵塞；可能是两个进水单向阀堵塞、卡住，阀体弹簧脱落或单向阀损坏（清洗进水滤网，检查两个进水单向阀）。

③完成工作循环，传感器指示泵杆运动，但喷头不出水，此时进水滤网清洁：

可能是排水单向阀损坏；可能是泵活塞密封不严（检查排水单向阀，检查泵活塞密封）。

④泵一个行程压力正常、另一个行程无压力：

可能是进水单向阀卡住或损坏（检查进水单向阀）。

⑤泵压力正常，但使用水枪时无压力：

可能是控制球阀位置不正确（检查控制球阀位置是否正确，射流管阀必须关闭）。

⑥水泵不循环工作：

可能是液压泵没有工作（确认液压泵是否已合上）；可能是驾驶室内保险盒问题（检查驾驶室内保险盒）；可能是水泵继电器问题（检查驾驶室后面的水泵继电器）；可能是泵开关问题

(检查卷管器控制盘上的杆式泵开关)。

液压系统：

a. 卷管器不能从污水管道中收回高压水管：

可能是液压马达链松或链损坏（张紧或修理更换）；可能是液压油亏（添加液压油）；可能是油管、紧固件、泄压阀泄漏等（检查相关油路、调整泄压阀）；可能是液压泵和液压马达问题（检查修理）。

b. 液压举升（大污泥罐）时液压泵有噪声：

可能是液压油量不够（添加液压油）。

c. 液压举升（大污泥罐）时罐体起升蠕动：

可能是液压油路压力不足（检查油路和举升油缸有无漏油和内泻）；可能是油路上的单向阀或旁通阀有问题（检查单向阀或旁通阀是否有压力丢失）。

以上是一般故障判断和排除。对于风机和真空泵的问题要找专业修理厂家解决。发动机和底盘的问题要找生产厂家解决。不同的下水道养护专用设备有不同的用途，虽然在原理上都差不多，但在结构上是有很大的差异的。为了在使用中不发生问题或少发生问题，一定要仔细阅读使用说明书。

（三）下水道养护机械设备的先进技术和发展方向

下水道养护机械设备是下水道设施的出现与工业技术革命发展的产物。并且随着工业革命的发展和科学技术的进步，很多先进的科学技术已在下水道养护机械设备上应用。使很多以前不敢想的事情已经成为现实。

1. 下水道养护机械设备的先进技术

下水道养护机械设备先进技术的体现主要在两个方面：第一个方面是在原有类型下水道养护机械设备的基础上；另一个方面是由于有了先进技术而生产出新型、新功能下水道养护专用机械设备，下面分别介绍一下：

(1) 在原有类型下水道养护机械设备上先进技术的体现

在原有下水道养护机械设备上先进技术主要体现在动力源、传动部分、工作装置和操作控制系统这几个方面。

1) 动力源：现在下水道养护机械的动力源（发动机和电动机）。发动机采用涡轮增压技术、电喷技术使燃烧后气体排放更加有利于环保。电动机采用环保材料和纳米技术，使整机体积（与以前同类机型比）更小、动力更大、工作时间更长、工作温度更低。用这样的电动机使下水道引绳器技术更加成熟、工作性更可靠。为了特殊需要也有采用三角活塞转子发动机的（汪克发动机）。这种发动机体积更小、转速更高、噪声振动更小。

现在为了使发动机的排放和噪声都能达到环保的要求。欧洲将发动机（或整机）的声功率规定标准（户外使用设备环境噪声排放标准），由静态测试提高到动态测试。为了使发动机（或整机）达到标准。主要采用在发动机罩内衬上吸声材料等新技术。

2) 传动部分：我国（国外早 10~20 年）在 20 世纪 90 年代以前下水道养护机械的传动部分多用于机械传动（它的特点是体积大、加工技术要求不是很高、传动部件多、传动种类多、噪声大，造价较低）。现在我国科学技术进步很快，引进外资、技术和设备。使液压系统的元件、部件成本降低，可靠性增强，无故障率下降。现在我国生产的下水道养护机械的传动部分，大多数或在条件可行的情况下都采用液压传动。使整机噪声下降符合环保要求。

3) 工作装置：使用新技术的方面主要是达到环保要求的体现。在欧洲，为了达到《户外使用设备环境噪声排放标准》，机械设备生产厂家对机械的工作循环分布测试，用吸声材料，采用将液压回路的零部件向泵、阀以及一些钢管和软管进行隔离安装等方法，降低工作装置的噪声，以达到声功率规定标准。

4) 操作控制系统：21 世纪外国先进的下水道养护专用机械设备，从发动机、传动系统、工作装置到各个系统都有微机监控系统。操作环境更加人性化，操作人员通过计算机操作机械设备。机械设备使用保养也是由微机控制。

(2) 新型、新功能下水道养护机械设备

新型、新功能下水道养护机械设备的研制是政策引导和社会环保需要的产物。如环保型专用下水道养护机械设备，非（免）开挖机械设备等。它们是新型、新功能下水道养护机械设备的代表。它们的出现使下水道日常保养，废旧管道的更换等工作更加方便和有利于环保。环保型专用下水道养护机械设备（属于先进技术在新功能上的体现）在后一章介绍，这里只介绍非（免）开挖机械设备。

非（免）开挖机械设备——水平定向钻机，它起始于 20 世纪 70 年代末期。它是将石油工业的定向钻进技术和传统的管线施工方法结合在一起的一项新技术。随着该技术与设备的不断改进和完善，20 世纪 80 年代中期在发达国家逐渐为人们认可和接受，并得以迅速发展。其独特的技术优势和广阔的市场前景得到了世界各国的重视。

伴随着控制技术、通信技术的快速发展，水平定向钻机整机性能已十分完善。非开挖定向钻机是在地下作业，要求有较高的可靠性，钻杆的钻进，回拖等所有运动都是由机电液一体化控制，并采用先进的有缆式或无缆式导向仪。

目前，水平定向钻机比较有代表性的生产厂家国外有美国的威猛公司、沟神公司、凯斯公司、德国的 FLWTEX HUTTE 公司、英国的保路捷公司、STEVE VICK 公司、瑞士的 TERRA 公司、加拿大的 UTIL 公司和意大利的 TECNIWELL 公司。

国外产品大都具有以下几个技术特点：

1) 主轴驱动齿轮箱采用高强度刚体结构，传动扭矩大、性能可靠。

2) 全自动的钻杆装卸存取装置。

3) 大流量的泥浆供应系统和流量自动控制装置。

4) 先进的液压负载反馈，多种电器逻辑控制系统，高质量的PLC电子电路系统确保长时间的工作可靠性。

5）高强度整体式钻杆以及钻进和回拖钻具。

6）快速锚固定位技术。

7）先进的电子导向发射和接受系统。

国内水平定向钻机比较有代表性的生产厂家有中国地质科学院勘探技术研究所（产品有GBS-5、GBS-8、GBS-10等系列），徐工集团（产品有ZD1245型），中联重科（产品有KSD25型），北京土行孙非开挖技术有限公司（DDW80、DDW100等系列），深圳钻通公司（ZT10、ZT12、ZT15等系列）。

水平定向钻机主要技术参数有：发动机型号、发动机总体功率，推拉力、旋转扭矩、主轴速度挡位、主轴速度、推拉速度、最大行走速度（前进）、钻杆直径、钻杆长度、机载钻杆数、工作重量钻杆满载、体积等。

水平定向钻机的出现对下水道养护施工（废旧管道的更换和新管道的铺设），带来新的技术和方法。但它的使用和普及还有很多问题需要解决：①政策支持力度小：在很多地区要有法律规定不许开挖，才不得已采用非开挖。②缺乏宏观的管理：城市规划机构没有规定各类地下管线的地下深度即同类管线走同一层，避免混乱，减少施工麻烦。③标准及规范急需制定：操作规程、安全标准、检测、鉴定或验收的指导性文件，我国都不完善，急需制定。总之，水平定向钻机在下水道养护中使用还是一项新生事物，需要不断的总结和完善。

2. 下水道（养护）机械设备的发展方向

下水道（设施）是人类生存发展的产物。也可以说是从城市出现、发展而派生出的一门（环保）科学。它的好坏直接影响人们生活质量，所以人们越来越重视下水道（设施）好坏、优劣，为此下水道（养护）的机械设备也越来越倍受人们的关注。人们根据下水道（养护）设施的需要研制出了引导下水道（养护）机械设备的发展方向的下水道非开挖设备、下水道检测（查）、堵漏车和环保型专用下水道养护设备。同时下水道（养护）机械设备的发展方向也成了专家学者们研究的课题。下面分别介绍一下：

(1) 检测（查）设备

当前，下水管道中排放物质复杂，常充满各种有害气体。为了清理与维修下水道，有许多下水道养护工不得不到下水道检查井及管道中。这样在一些重点部位，曾经发生过下水道养护工井下中毒死亡事故。在为了保证人身安全，实现在井上利用专用设备（工具）完成清理并检测（查）修补下水道的情况下，下水道电视检测（查）及修补车被研制出来。下水道电视检测（查）及修补车是一种先进下水道养护专用设备，国内只是在试验完善阶段，在国外已开始全面使用。下面简单介绍以下：

下水道电视检测（查）及修补车如图 6-21，是在地面上操纵装有电视摄像头和封堵器的能行走、停止、转向的遥控或连线小车。通过车上的电视监视器进行检查。利用化学封堵剂注入泄漏点，封堵修复。根据装备的不同设备，该车可以实现电子计算机控制分析记录、录像记录资料、摄影记录具体问题部位。该车可以根据实际需要（设计）组装成大型、中型车载式、小型手提式等。

该车由以下几大部分组成：

1) 汽车底盘：可根据实际需要选用不同车型，以封闭形式将全部设备装于车厢内，并利用隔板将控制室与设备分开。

2) 控制室：内装有各种仪表，开关和电视监视器、录像机、资料处理系统、微型计算机等。该室配有冷暖空调机。

3) 装备室内装备如下：

汽油发电机：提供电源以供电视系统和气压系统等用。

电力绞盘：可以前进、后退，以拉动摄像装置、封堵机构和管路线缆等。

空气压缩机：用以提供压缩空气，封堵管接头和充填化学堵料。

摄像头装置及滑撬：可以使摄像头在管道内滑动。摄像头上

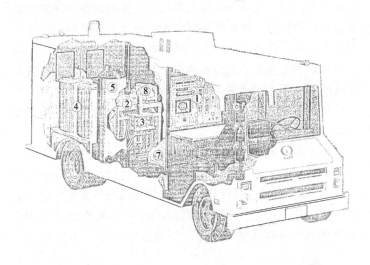

图 6-21 美国 CUES 下水道电视检测（查）及修补车

附有电灯照明装置，摄像头可以转动。采用不同摄像角度、焦距及光圈均为地上遥控。

线缆卷轮：可以由遥控改变不同速度。

气压测试、密封系统：本系统包括快速充、放气装置。用以在封堵器上充气封堵及计时测试泄漏程度。这些情况可在控制室内控制记录。

堵漏系统：采用化学材料化合反应。生成胶状物，快速堵住漏洞。两个化学槽中化学原料及催化剂，由化学泵分别通过不同管路送到堵漏器中相遇，产生化学反应。补漏器分为不同管经尺寸的，由两个铝制圆筒装充气橡皮衬套。一中心铝制块和 1 个末端铝块及进气、进液孔，牵引环组成。在补漏工作后，再进行气压检测。并由摄像机摄像，反映至中央控制室。

各种机件及线缆均为防锈、防化学腐蚀材料制成。整台车可由一人控制、操纵。此车控制系统中计算机软件可根据用户需要、实际情况进行配置。

（2）环保型专用下水道养护设备

下水道养护专用设备一直是人类热心关注的课题。许多专家和学者都在研制新型、新功能和新技术的下水道养护专用机械设备。随着人类对环保意识的提高，环保技术向各个领域延伸，环保型（专用）下水道养护机械设备成了新一代下水道养护机械设备。环保技术在下水道养护机械设备上的体现表现为部件，系统，整机和使用功能等。这里只介绍使用功能方面——环保型专用下水道养护机械设备。

环保型专用下水道养护机械设备的环保技术主要体现在使用功能方面。现在生产环保型专用下水道养护机械的国家有德国和意大利，美国和我国处在研制阶段。我国使用的环保型专用下水道养护机械，是引进意大利 CAPELLOTTO 公司生产的 CAP RECY2600 型污水再循环式联合疏通车如图 6-22 所示，下面介绍一下。

图 6-22　CAP RECY2600 型污水再循环式联合疏通车

CAP RECY2600 型污水再循环式联合疏通车是由高压冲洗疏通系统、真空吸泥疏通系统、液压系统、气压系统、污水处理循环系统和控制操作系统及自身设备保养系统等组成。这几个系统相互关联，通过皮带到传动轴后，由取力箱从本车发动机获取动力。它们可以互动也可以分动。

高压冲洗疏通系统：由三缸柱塞泵（型号 KD716）、水箱、溢流循环泵、各种阀门、过滤器、离合器、卷筒、高压胶管和喷头等组成。

真空吸泥疏通系统：由真空吸泵、真空密封过滤器、冷却系统（储液罐、冷却水泵、冷却器、冷却进回水管）、安全阀、进气阀、溢流阀、吸管、污水罐（容积为9000L）、离合器等组成。

液压系统：由液压泵、液压马达、安全阀、溢流阀、分流阀、滤芯、油管、举罐油缸、吸管架油缸、开罐封油缸、液压油箱等组成。

气压系统：由气泵、安全阀、溢流阀、气管、储气罐、罐封锁紧汽缸等组成。

控制操作系统：由仪表盘、各种开关、按钮、指示灯等组成。

自身设备保养系统：由手握式水枪、水管、卷筒、阀门开关、充气（打气）阀门等组成。

污水处理循环系统：由真空吸管、污水箱、过滤挡板、自清洁式过滤器、离心泵、分离器、清水箱等组成。

我们所说的意大利CAPELLOTTO公司生产的CAP RECY2600型污水再循环式联合疏通车属于环保型专用下水道养护机械，它的环保功能就是它的污水处理循环（再利用）系统。它与美国伐克多——下水道联合疏通车的泥水分离功能有本质的区别。泥水分离是很简单的，其做法是将污水中的杂质进行分离、沉淀，并没有利用。

CAP RECY2600型污水再循环式联合疏通车的污水处理循环（再利用）系统，是用物理方法对污水处理，一共分五步。下面详细介绍一下：

第一步如图6-23所示

混合有污泥杂质的污水通过真空管①被吸入污水箱②内，通过过滤板③开始一级过滤，即泥水分离。

第二步如图6-24所示

已穿过过滤挡板③的污水通过清洁式过滤器④进行二级过

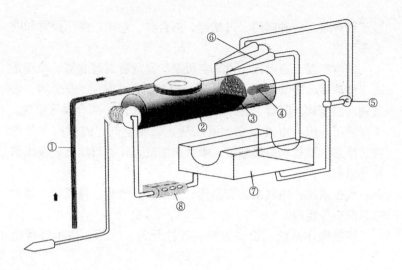

图 6-23

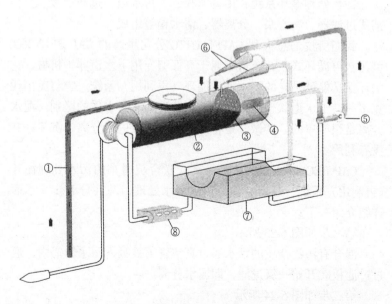

图 6-24

滤。之后污水通过离心泵⑤被送入分离器⑥，在这里将对较轻和较重的杂质分离，分离后杂质进入污水箱②，而清水则由后布水管流入清水箱⑦内。此过程实现第三级过滤。

第三步如图 6-25 所示

高压水泵⑧可将清水箱中的清水抽出并转换成高压水流从喷头喷出，以随时供应冲洗需要。

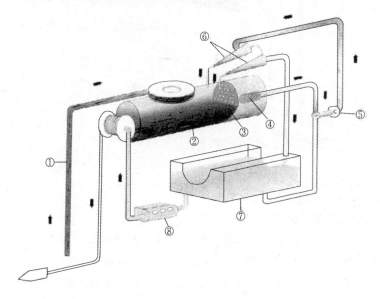

图 6-25

第四步如图 6-26 所示

当清水箱的水位达到一定高度时，离心泵⑤会自动将清水从水箱底部水管抽出并将清水再次送入分离器⑥，在这里水与杂质经再次分离后，清水又回到清水箱⑦，杂质进入污水箱②，此次过程实现最终四级过滤。之后，可进行下一轮的污水循环过程。

清水箱内部被分割为 5 个隔仓，流入的清水会逐级地漫入每一个隔仓，这个过程实际上就是一个沉淀过滤的过程。因此说 CAP RECY2600 型污水再循环式联合疏通车的污水处理循环过程

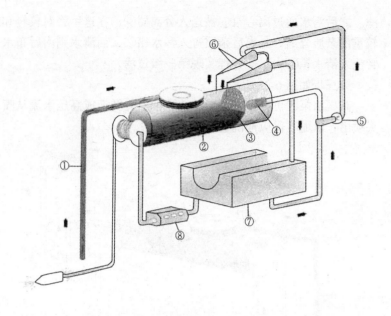

图 6-26

是经过 5 级过滤的。

CAP RECY2600 型污水再循环式联合疏通车是较先进的下水道专用养护机械。代表了下水道专用养护机械的发展方向。但是它也有不足，在技术应用上存在着理论设计与实际应用的差异。

(3) 下水道养护（专用）机械设备的发展方向

下水道养护机械设备包括通用机械设备和专用机械设备。通用机械设备用途广，融合在各个施工行业中。所以这里我们只关心下水道专用养护机械。下水道养护工作范围：是下水道日常保养即冲洗疏通、管道的检查、有害气体的排放等。由于这个特点使下水道专业养护机械独立成为机械设计制造的一个分支，从它被重视到它的发展完善，经历了不很长的时间。同时下水道设施的进步和发展对下水道专业养护机械的推动也起到一定的作用（不可忽视政策作用）。

近二十几年来，由于市场经济作用，为了占领市场，许多专家学者、制造厂家开始重视、研究下水道专业养护机械（主要是日常保养机械设备）的发展方向。通过对全国近百个城市的调研发现，由于地区发展差异，地区地理环境差异，具体政策差异等诸多因素，对下水道专业养护机械的要求是不同的。如重庆市、宝鸡市是山城，坡度大，下水道内的污水可以自然流形式，堵漏现象少见，对下水道的掏挖很少，并且目前本地还没有政策规定城市道路不能开挖。如宁夏中卫地区在沙漠边上，下水道中沙子较多。下水道专用养护机械需要除沙力强。像沿海城市上海、广州、厦门等，它们需要符合自己下水道设施的专用养护机械。像北京市下水道既有方沟，也有混凝土管和PVC、PEC管。这样它的下水道养护就需要各种专用养护机械。通过调研，有关专家、制造厂家研讨论坛，对下水道专用养护机械发展方向提出了三种观点。

第一种，机械从属观点：认为城市出现与发展，现代化水平的提高，引起下水道设施的发展与提高，相关联的下水道专用养护机械才提高发展。也就是说城市的发展政策，下水道设施养护的发展，决定了下水道专用养护机械的发展方向。下水道设施发展需要什么养护机械，就研制什么养护机械。但机械需要保证，总体达到环保要求，功能符合实用要求，操作人性化要求。这种观点的优点是：有的放矢，符合市场经济。缺点是：研制机械设备只能跟在下水道设施发展的后边，没有主动性和开拓性。

第二种，机械与设施相靠拢观点：认为下水道设施发展虽然比较规范，但政策引导支持不够，缺乏宏观管理等许多方面不利于下水道专用养护机械推广使用，同时加大了机械设计的难度。下水道设施应该向有利于机械设计和使用方向发展，并且机械设计也应向更符合下水道养护操作发展。致使下水道专用养护机械与下水道设施相靠拢。这样既减少机械设计的难度又提高了下水道养护机械化和下水道养护的质量。这种观点的优点是：是有利于标准化、科学化的机械设备和下水道设施的发展。缺点是：我国面积广、地区差异大，很难统一实施操作。

第三种下水道养护趋于简单机械减少、统一观点：认为现在城市发展环保要求的提高，污水处理厂遍布城市周围。飞快的科技进步使中水的价格很低，饮用水资源的减少，迫使中水的利用必须推广。这时中水管道是人们生活中的第三管道，从污水处理厂铺回使用者家中。下水管道和中水管道并排铺设，并在污水井旁留有取水的开关。下水道养护人员根据日常养护需要定时，带着特殊的水泵到污水井旁取中水对下水道养护（冲洗、疏通）。这样对下水道养护既简单、用设备也少。这种观点的优点是：使用设备少、节省资源、机械设计简单。缺点是：过于理想化，它的实现需要政策支持和社会整体文明的提高。

以上三个观点代表了下水道专用养护机械的发展方向。它的推广与实行涉及到很多方面的因素：政策引导、地区差异、工业革命的进步，科学技术的提高等。总之人类在遵循自然规律的同时，在探索和发现自然规律。在尊重科学的同时，学习科学和利用科学。下水道专用养护机械作为机械行业的一个分支，它的发展前景应该获得全社会的关心和支持。

复习思考题

1. 下水道养护机械设备分为几类？各是什么？
2. 使用通风设备必须注意做到什么？
3. 小型高压清洗疏通机的特点是什么？
4. 从对多年来市政下水道养护施工发生的一些用电事故分析，可发现一般原因是什么？
5. 专用养护机械分为几类？各是什么？
6. 机械设备的操作有几种方式？
7. 下水道专用养护机械设备中吸通设备，根据吸泥装置的不同可分为几种？原理是什么？
8. 下水道专用养护机械设备中疏通冲洗设备，根据疏通装置的不同可分为几种？原理是什么？

9. 下水道联合疏通车按工作装置可分为几种？
10. 下水道专用养护机械设备维护保养规定是什么？
11. 下水道联合疏通车水系统中如水压低是因为什么？
12. 下水道联合疏通车水系统中如水压高是因为什么？
13. 下水道电视检测（查）及修补车由几个部分组成？各是什么？
14. 环保技术在下水道养护机械设备上的体现主要在哪几个方面？

七、下水道养护技术

（一）养护工作概述

排水沟道及其构筑物，在使用过程中会不断损坏，如污水中的污泥沉积淤塞排水沟道、水流冲刷破坏排水构筑物、污水与气体腐蚀沟道及其构筑物、外荷载损坏结构强度等。现分述如下：

（1）污泥沉积淤塞作用：排水沟道中各种污水水流含有各种固体悬浮物，在这些物质中相对密度大于1的固体物质，属于可沉降固体杂质，如颗粒较大的泥沙、有机残渣、金属粉末，其沉降速度与沉降量决定于固体颗粒的相对密度与粒径的大小、水流流速与流量的大小。流速小、流量大而颗粒相对密度与粒径大的可沉降固体，沉降速度及沉降量大、管道污泥沉积快。因为管道中的流速实际上不能保持一个不变的理想自净流速或设计流速，同时管道及其附属构筑物中存在着局部阻力变化，如管道分支、管道转向、管径断面突然扩大或缩小，这些变化愈大，局部阻力愈大、局部水头损失愈大、对降低水流流速影响愈大。因此，管道污泥沉积淤塞是不可避免的，问题的关键是沉积的时间与淤塞的程度，它取决于水流中悬浮物含量大小和流速变化情况。

（2）水流冲刷作用：水流的流动，将不断地冲刷排水构筑物，而一般排水工程水流是以稳定均匀无压流为基础的，但有时管道或某部位出现压力流动，如雨水管道瞬时出现不稳定压力流动，水头变化处的水流及养护沟道时的水流都将改变原有形态，尤其是在高速紊流情况下，水流中又会有较大悬浮物，对排水沟道及构筑物冲刷磨损更为严重。这种水动压力作用结果，使构筑物表层松动脱落而损坏，这种损坏一般从构筑物的薄弱处如接缝，受水流冲击部位开始而逐渐扩大。

(3) 腐蚀作用：污水中各种有机物经微生物分解，在产酸细菌作用下，即酸性发酵阶段有机酸大量产生，污水呈酸性。随着 CO_2、NH_3、N_2、H_2S 产生，并在甲烷细菌作用下 CO_2 与 H_2O 作用生成 CH_4，此时污水酸度下降，此阶段成为碱性发酵阶段。这种酸碱度变化及其所产生的有害气体，腐蚀着以水泥混凝土为主要材料的排水沟道及构筑物。

(4) 外荷载作用：排水沟道及构筑物强度不足，外荷载变化（如地基强度降低、排水构筑物中水动压力变化而产生的水击、外部荷载的增大而引起的土压力变化），使构筑物产生变形并受到挤压而出现裂缝、松动、断裂、错口、沉陷、位移等损坏现象。

如上所述，为了使排水系统构筑物设施经常处于完好状态、保持排水通畅、不积水淤泥、发挥排水系统的排水能力，必须对排水系统进行养护工作。下水道养护工作的目的就是为了保持排水系统的排水能力和正常使用，养护的对象有沟道及检查井、雨水口、截流井、倒虹吸、进出水口、机闸等沟道附属设施。养护工作内容包括下水道设施定期检查、日常养护、附建物整修、附建物翻建、有毒有害气体的监测与释放、突发事件的处理等。在不同的季节，如旱季、雨期、冬期的不同，下水道水量和水质也会有不同，因此随着季节的变化，下水道养护工作内容和重点也会有所不同。

（二）下水道日常养护

下水道日常养护工作内容包括下水道设施检查、清洗、疏通、维修等，现将日常养护工作情况分述如下：

1. 设施检查工作

(1) 检查方法

下水道设施检查一般采用现场检查、水力检测及下水道检测仪检查等方法,其中现场检查可分为井上检查与井下检查。

井上检查包括进出水口、雨水口、沟渠等地面排水设施完好程度,排水系统中地面雨水送流状况,生活污水与工业废水的水质水量变化等情况。井下检查包括地下排水设施完好状况,地下沟道及各种构筑物是否处于正常使用状况,排水能力与效果是否合格。

如果需要进行井下检查作业,必须将检查的井段相邻井盖打开,自然通风换气30min;打开的井盖必须有专人看管,或设置明显标志,遇有死井、死水、死沟头地段需用送风机以人工送风方式向沟道进行通风换气工作。下井工作人员必须熟悉、掌握沟通中的水质、水深、流速、流量情况,必要时事先经过化验测定出污水中有毒有害物质的成分,在下井前做好防毒、防火、防淹、防窒息的工作。因为长期密封的污水管道,由于污水中的有机物质(人畜粪便、动植物遗体、含有机物的工农业废渣废液)在一定温度、湿度、酸性和缺氧条件下,经厌氧性微生物发酵,有机物质会腐烂分解而产生沼气(甲烷),这是一种无臭易燃的气体,同时也可能产生 CO、H_2S、NH_4 等有毒性气体使人中毒或缺氧使人窒息,因此下井前必须用有关气体监测仪或下水道气体监测车进行有毒有害气体的检测,下井时必须有相应的安全措施,如佩戴防护设备和防护绳,不得带有任何明火下井。井下采用手电筒照明或用平面镜子反射阳光方法进行照明,地面上有专门监督执行保护安全操作的人员。

水力检测主要是检测管道的流速、流量及充满度。

对于沟道内结构的损坏,尤其是一些管径小、井距长的沟道,人工检查难度较大,就需要引进新的检测设备,如闭路电视检测车、下水道检测仪等对管线是否直顺、有无渗漏、接口是否完好、管道腐蚀程度等均能提供确切的证据。

每一次检查均须做好详细记录,以此作为设施养护维修的依据。

(2) 检查内容有以下几个方面

1) 下水道设施各部位结构完好情况：检查井（盖座、井筒、踏步等）、雨水口、进出水口、沟道等是否完整，有无损坏现象。

2) 管道中水流通畅情况：了解污水管道充满度和变化系数，雨水、合流管道的满流和溢流期，测量管道流速流量，查看管道存泥情况。

3) 检查井及雨水口的淤塞和清洁程度。

4) 倒虹吸、截流井、跌水井（或泵站）、机闸的运行使用情况。

排水管道的检查内容　　　　　　　　　　表 7-1

序号	设施种类	检查方法	检查内容
1	管道	井上检查	违章占压、地面塌陷、水位水流、淤积情况
		井下检查	变形、腐蚀、渗漏、接口、树根、结构等
2	雨水口与检查井	井上检查	违章占压、违章接管、井盖井座、雨水箅子、踏步及井墙腐蚀、井底积泥、井深结构等
3	明渠	地面检查	违章占压、违章接管、边坡稳定、渠边种植、水位水流、淤积、涵洞、挡墙缺损腐蚀等
4	倒虹吸	井上检查	两端水位差、检查井、闸门或挡板等
		井下检查	淤积腐蚀、接口渗漏等

(3) 检查方式

主要是定期和不定期的检查，并将检查的结果与原始情况进行记录。

1) 定期检查：指在一定期限内进行检查，如年度、季度、月度等检查。

2) 不定期检查：指在有特定情况下所进行的检查，如在汛前、汛中、汛后及重要保驾活动期间，对设施的使用与突发性损坏，水质水量的变化等。

2. 保洁疏通工作

下水道设施日常维护项目一般包括：下水道疏通保洁、清理附建物、翻新整修附建物及支管等。

(1) 冲洗保洁工作

包括雨水口、检查井及沟道三部分,因为这些部位在使用过程中随时有沉淀物沉积下来,尤其是转弯井、跌水井后面、接入很多支线的管段、污水流速由大变小的管段等,这些沉积物如不及时清除,存泥愈积愈多,将会逐渐堵塞沟道,降低沟道的排水能力,直至使沟道丧失排水能力。表示沉积物的程度一般用沟道存泥度来反映。

$$管道存泥度 = \frac{管道中泥深(h)}{管道断面高度或直径(D)} \quad (7-1)$$

在北京地区一般要求是沟道内存泥深度不应超过管径或沟深的1/5,如果管径在1250mm以上的管道或方沟的存泥超过30cm、雨水口支管存泥超过1/3时,就应及时进行冲洗疏通工作。

(2) 水力冲洗

1) 冲洗原理:用人为的方法,提高沟道中的水头差、增加水流压力、加大流速和流量来清洗管道的沉积物,这就是说,用较大流速来分散或冲刷掉沟道污水中可推移的沉积物,用较大流量挟带输送污水中可沉积的悬移物质。人为加大的流速流量,必须超过管道的设计流速和流量,才有实际意义。如表7-2所示,各种粒径的泥砂在水中产生移动时所需的最小流速如下:

泥砂移动的最小流速 表 7-2

泥砂情况	产生移动最小流速(m/s)	泥砂情况	产生移动最小流速(m/s)
粉砂	0.07	粗砂 (<5mm)	0.7
细砂	0.2	砾石 (10~30mm)	0.9
中砂	0.3		

依水源可分为污水自冲、自来水冲洗、河水冲洗。

2) 冲洗条件:按上述原理,沟道水力冲洗的条件是:有充足的水量,如自来水、河水、污水等;水量、管道断面与积泥情况要相互适应;管道要具有良好的坡度等条件。管径 $\phi200 \sim$

φ600管道断面，具有最佳冲洗效果。

在任一条管道上冲洗应从上游开始，在一个系统上冲洗应由支线开始，有条件的可在几条支线上同时冲洗，以支线水量汇集冲洗干线，并备好吸泥车配合吸泥。

(3) 冲洗方法

1) 污水自冲：在某一管段根据存泥情况，选择合适的检查井为临时集水井，方法是：用管塞子或橡胶气堵等堵塞下游沟道口，待管塞内充气后，将输气胶管和绳子拴在踏步上。当上游沟道水位上涨到要求高度后，突然拔掉管塞或气堵，让大量污水利用水头压力，加大的流速来冲洗中下游沟道。这种冲洗方法，由于切断了水流，可能使上游沟段产生新的沉积物；但在打开管塞子放水时，由于积水而增加了上游沟段的水力坡度，也使得上游沟段的流速增大，从而带走一些上游沟段中的沉积物，如图7-1所示。

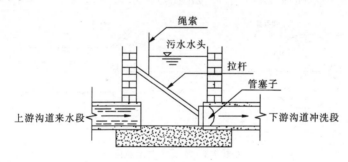

图 7-1 污水自冲

2) 冲洗井冲洗：在被冲洗的管道上游，兴建冲洗井，依靠地形高差使冲洗井高程高于管道高程，以制造水头差来冲洗下游沟道。冲洗井一般修建在管道上游段，管径较小、坡度小不能保证自净流速的沟段，通过连接管把冲洗井与被冲洗的沟段相互连接起来。冲洗井的水可利用自来水、雨污水、河湖水等作为水源，以定期冲洗沟道，如图7-2所示。

3) 机械冲洗：机械冲洗是采用高压射流冲洗管道，将上游

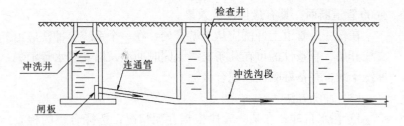

图 7-2 冲洗井冲洗

管道淤泥推放到下游沟道上修建的沉泥井中,最后利用真空吸泥车将沉泥井的集泥吸入车内运走,现分述如下:

a. 射流冲洗车冲洗:水冲车一般由汽车底盘改装,由水罐、机动卷管器、高压水泵、高压胶管、射水喷头和冲洗工具等部分组成。其工作原理是用汽车引擎供给动力,驱动高压水泵,将水加压通过胶管到达喷头,将喷头放在需冲洗管道下游口,喷头尾部有射水喷嘴(2~6个),如图 7-3 所示。

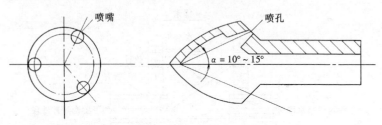

图 7-3 喷头构造示意图

水流由喷嘴中射出,产生与喷头前进方向相反的强力水柱,喷射在四周泥砂或管壁上,借助所产生的反作用力,带动喷头与胶管向前推进。根据实验,当水泵压力达到 6MPa 时,喷头前进推力可达 190~200N,喷出的水柱冲动着管内沉积物使其松动,成为可移动的悬浮物质流向下游沉泥井中,如图 7-4 所示。

当喷头走至管口时,减少射水压力,卷管器自动将胶管抽回,同时边卷管边射水,将残存的沉淀物全部冲刷到沉泥井中,如图 7-5 所示。如此反复冲洗,直到管道冲洗干净后再转移到下

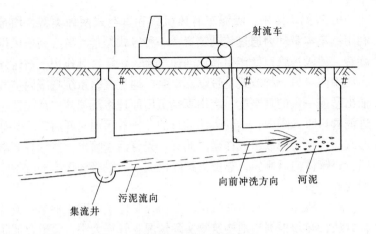

图 7-4 喷头向前冲

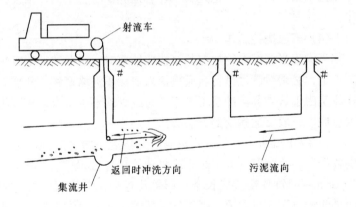

图 7-5 返回冲洗

游沟段作业。

高压射流车的作业位置,要随着管道的淤泥状况而有所不同:当水流完全不通,处于阻塞状态时,要从管道的最下游井距开始,冲洗车放在清洗管道下游检查井下侧;当污水还能流动时,要从管段的上游井距开始,冲洗车放在清洗管段下游检查井的下侧,并且要根据管径的大小,选用适用的喷头,合理使用射水压力。

b. 吸泥车使用：吸泥车有风机式和真空式两种类型，均是利用汽车本身动力通过传动装置：一种方式是带动离心高压风机旋转，使吸污管口处产生高压高速气流，污泥在其作用下被送入出泥罐内；另一种方式是带动真空泵，通过气路系统把罐内空气抽出形成一定的真空度，应用真空负压原理将沉泥井中污泥经过进泥管口吸入罐内，达到吸泥的目的。排放污泥时开启罐后部球形阀门，把污泥放出或往罐内充气，先将污水喷出，然后打开端门，将罐体向后倾斜，靠重力排除污泥。一般吸泥深度的有效吸程为6~7m。

综上所述，下水道冲洗保洁工作，具体采用哪一种单一或综合方法，必须根据当地构筑物实际情况、管径大小、管道存泥状况和设备条件而定，这也是属于在管道养护工程中的一项设计工作。

(4) 疏通掏挖工作

当沟道淤泥沉泥物过多甚至造成堵塞时，一般的冲洗方法解决不了，必须对管道进行疏通掏挖来清除积泥堵塞物。此项工作往往是由于日常养护冲洗工作不及时或管理不善、意外故障等原因造成。一般疏通掏挖的方法有：

1) 绞车疏通法：在需要疏通的井段上下游井口地面上，分别各设置一个绞车（人工绞车或机动绞车），如图7-6所示。将5~6cm宽的竹片衔接成长条，用竹片连通两井沟段，竹片的作用是使钢丝绳穿过沟道，把钢丝绳两端连接上通沟工具。这些工具一般可分为三种类型：

第一种：起豁松淤泥作用的耙犁工具，如铁锚、弹簧拉刀等，如图7-7所示。

第二种：起推移清除污泥作用的疏通工具，如拉泥刮板等，如图7-8所示。

第三种：起清扫沟道作用的刷扫工具，如管刷子等，如图7-9所示。

如上所述，按沟道淤泥具体情况，分别使用这些工具，这种

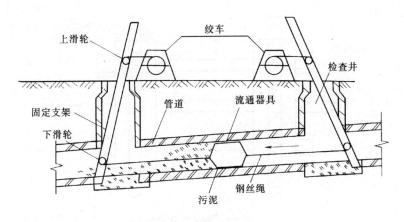

图 7-6 绞车疏通

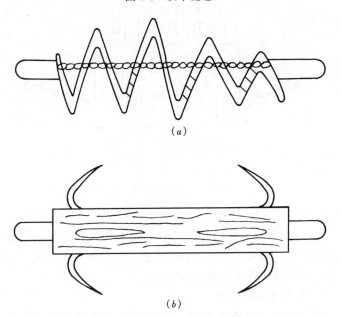

图 7-7 管道松泥工具
(a) 弹簧拉刀：用薄钢片制成，可将树根、破布拉断；
(b) 铁锚：对坚实沉积物有较好的松动效果

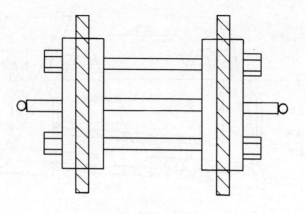

图 7-8　管道疏通工具

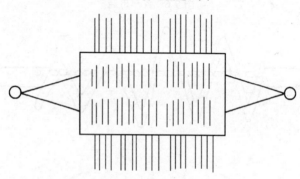

图 7-9　管道刷扫工具

方法一般适用于中小型管道。

2）人工掏挖：一般不能用绞车疏通掏挖的沟段、附建物和较大的沟道，均可采用人工掏挖作业方式，但人工掏挖时的井下作业，必须遵守井下安全作业守则。

3．下水道周期养护

为了做好沟道清洗工作，必须了解沟道积泥快慢的基本规律，它取决于以下两个因素：

第一，积泥快慢与沟道内污水的实际流速、流量成反比。

第二，积泥快慢与进入沟道内污水中的可沉降固体悬浮物含量（一般可用 SS 值表示）成正比，水里的悬浮物含量取决于当地居住环境、卫生条件、地面铺装覆盖状况以及水流进入沟道的时间长短。

因此在下水道的日常清洗养护工作中，应记载各条管道清洗日期、出泥数量和清洗周期，并根据沟道的位置、长度、管径、坡度、水质、水量、各类污泥的含水率，预测出沟道内的积泥深度，结合这次与上次疏通间隔，计算出沟道清洗周期，从而掌握所有沟道系统的积泥规律，确定整个系统的清洗周期，统一安排冲洗计划，进行周期养护。

(1) 确定水冲周期的方法

1) 水冲周期的条件

①全面了解管道设施状况，包括管径、坡度、长度以及污水流向、流速、流量等基础资料。

②掌握各种不同管道、不同管径的积泥情况，最好是一年当中雨期前后，要有观测记录，并全面调查淤泥的来源、性质、成分、运动规律、做好分析记载，要详细、准确、齐全。

③了解管道所在街道的地面种类、覆盖物情况以及附近环境卫生、居住标准、排水设施完善程度。

④调查使用排水管道的工矿企业单位性质和上游支管的连接情况。

⑤管道系统中泵站的设置、水泵规格、机组数量、特别是泵站下游管道，泵站开泵、停泵后的水位、流速、流量的变化。

⑥根据管道所在地区的养护条件、管理条件，确定允许积泥深度。在不严重影响排水的条件下，一般规定允许积泥深度不能超过管内径的 20%。

2) 水冲周期的计算

①根据不同时期观测的管内淤泥深度，找出不同年度、不同管段的平均泥深，一般三年以上泥深的平均值才有一定代表性。采用排水管道不同管段每年平均泥深统计计算如表 7-3 所示。

查 泥 表　　　　　　　　　　表 7-3

管线名称	管段	管径(mm)	第一年			第二年			第三年			平均泥深(mm)	该条管线平均泥深
			上次清洗日期	查泥日期年月日	泥深(mm)	上次清洗日期	查泥日期年月日	泥深(mm)	上次清洗日期	查泥日期年月日	泥深(mm)		

②确定管道允许积泥的深度标准（按管径的 20% 计算）。

③允许泥深除以一年平均的泥深。即得出水冲周期（单位为年）其计算公式为

$$水冲周期(年) = \frac{允许泥深}{一年平均实际泥深} \qquad (7-2)$$

④按不同管径，不同泥深分别计算，这样可以考虑到特殊管段的特殊情况然后取其平均值，再找出合理周期，使整条管线有一个综合疏通周期参数。

【例1】 已知某条管线的各种不同的管径和不同管段的实测积泥深度和允许积泥深度（按管径的 20% 计）。

求：此管线不同管段的水冲周期和此条管线的综合平均水冲周期。

则：此条管线和管各段的水冲周期计算如表 7-4 所示。

查 泥 表　　　　　　　　　　表 7-4

管线名称	管段	管径(mm)	年平均泥深(mm/年)	相同管径平均泥深(mm/年)	允许泥深(mm)	各管段水冲周期(年)	管线综合周期(年)
××管线	一管段	800	182		160	0.88	0.90
	二管段	800	206	194	160	0.78	
	三管段	1000	198		200	1.01	
	四管段	1000	230	214	200	0.93	
	五管段	1100	250	280	220	0.88	
	六管段	1250	260	260	250	0.96	

【例2】 由表7-4可知××全线管道的水冲周期为0.9年，求这条管的月水冲周期？

则：管线月水冲周期 = 12×0.9 = 10.8月

因此这条管线冲洗周期为10~11个月。

⑤有些管段，由于特殊用户的特殊淤积情况，可区别对待。根据这些管段的具体情况和实例的具体泥深数值结合各种因素，酌情确定个别管段的水冲周期，单独处理。

⑥如果资料不全时，可以粗测几次积泥深度，采用估算方法得出大致的水冲周期。关于粗测与估算的方法和步骤如下：

根据粗测几次的泥深和观测日期求出相隔的月数。

相应泥深除以相隔月数得出平均每月的积泥深度。

允许泥深除以平均每月的积泥深度，得出水冲周期月数，如时间较长可以换算为年。

根据不同管段，不同管径的周期数分别相加得出管道全线的综合水冲周期。

例如某条管径为1000mm的管线，一年内粗测几次泥深记录如下：

上次疏通日期为2002年3月21日；

2002年5月20日观测泥深为22mm；

2002年6月25日观测泥深为31mm；

2002年8月23日观测泥深为50mm；

2002年10月19日观测泥深为76mm。

a) 求平均每月泥深

已知：相隔月数3~10月为7个月，总泥深为76mm。

则：平均月泥深 = $\dfrac{\text{相应泥深}}{\text{相隔月数}}$ = $\dfrac{76}{7}$ = 10.86mm/月

b) 求允许泥深

已知：如允许泥深定为管径的20%。

则：允许泥深 = 1000×0.2 = 200mm

c) 求水冲周期月数为

$$\text{周期月数} = \frac{\text{允许泥深}}{\text{平均月泥深}} = \frac{200}{10.86} = 18.4 \text{（月）}$$

则得出这条管线的水冲周期为 18.4 个月。

上述由于这个周期是粗测，且估算的不够准确，应在水冲工作中长期反复实践而加以修订，以保证周期的合理性。

（2）影响水冲周期稳定性的因素

1）淤泥来源、污水性质对管道积泥影响较大，与水冲周期有直接关系，必须调查清楚，不断积累，分析资料。

2）一般情况下，合流制管道在夏季突然性的暴雨排入管道，加大管内流速起到自清作用，达到冲洗效果。应摸清此规律，充分考虑这个因素，利用暴雨集中排放的有利条件疏通管道，可以延长水冲周期。

3）中途泵站、出口泵站的排水状况直接影响管内淤泥的沉积，要根据管道的水力条件，科学地规定水位高程和开泵时间，保持管道的正常水位排水，就可以减少管内淤泥。

4）保持水冲周期相对稳定，必须加强排水设施管理，加强工业废水管理和接入户线的管理，控制工业废水乱排放，防止居民生活污水乱泼乱倒。加强各种排水构筑物的维护保养，防止腐蚀损坏，提高使用率。

5）适当改善一些居民区卫生条件，结合每个地区实际情况，有些居民区卫生设施不健全，雨污水串流现象严重，特别是沿街住户没有污水进水池，生活污水随意排放，流入雨水口内，污染河道，增加了管内积泥数量，减小了水冲周期，增加了水冲次数，因此在排污设施不完善的居民区，应合理增加修建污水池、污水支管等。

4. 维修工作

为了提高下水道构筑物耐久性，延长排水设施的使用寿命，对排水构筑物出现的各种损坏状况应及时进行维护与修理。

（1）维修方法

根据设施的损坏情况将养护维修工程项目进行分类，分别为整修、翻修、改建、新建等。其中：

整修工程：指原有下水道设施，遭受到各种局部损坏，但主体结构完好，经过整修来恢复原设施的完整性。

翻修工程：指原有下水道设施，遭受到的结构性破坏或主体结构完全损坏，必须经过重新修建以恢复原有设施的完好性。

改建工程：指对目前原有下水道设施等级现状进行不同规模的改造和提高，使原有下水道设施能适应当前和以后排水方面的需要。一般指使用年限长、全线腐蚀损坏严重，且在管线高程、位置、结构等方面存在不合理或不满足技术要求的现象，而以普通的养护手段无法达到排水技术标准和功能标准，并影响其排水效能的管沟段，应对其进行改造。

新建工程：指完善原有下水道排放系统，发挥设施排水能力所实施的工程。

同时按照维修工程规模大小（以工程量和工作量）划分，可分为大修、中修、小修和维护等类别。

(2) 维修工作内容

1) 雨水口

a. 有下列损坏情况影响使用与养护应进行维修：雨水箅子损坏、短缺、混凝土井口移动损坏、井壁挤压断裂、位置不良或短缺、深浅不适、高低不平等。

b. 一般维修项：

升降雨水口：雨水口高程不适宜，雨水口周围附近路面有积水现象或路面平整度受到影响。

整修雨水口：混凝土井口错位、移动、损坏，箅子损坏短缺、井壁底砖块和水泥抹面腐蚀、松动、脱落、雨水口被掩埋、堵塞等。

翻修雨水口：井壁挤压断裂损坏、深浅不适等。

改建雨水口：原雨水口位置不合理、类型数量不适宜等。

新建雨水口：原地面雨水口短缺，需要新添加雨水口。

2) 雨水支管

由于翻修、改建、新建雨水口而发生的雨水支管翻修、改建、新建的工程。

翻修雨水支管：指原雨水支管位置、长度、管位不变，只是埋深和坡度的改变。

改建雨水支管：指原雨水支管位置、长度、管径、埋深、坡度都可以有改变。

新建雨水支管：指原地位置没有任何雨水支管，需新修建雨水支管工作。

3）进出水口

当翼墙、护坡、海漫、消能设施等部位受到冲刷挤压而出现断裂、坍陷、砖石松动、勾缝抹面脱落、错动移位影响到设施的完整使用和养护时，均需按损坏情况进行整修与改建工作。

4）检查井

a. 有下列损坏情况，影响使用与养护工作应进行维修：井盖井口井圈损坏、错动、倾斜、位移、高低不适、井内踏步松动、短缺、锈蚀，流槽冲刷破损、抹面勾缝脱落、井壁断裂、腐蚀、挤塌、堵塞、井筒下沉等。

b. 一般维修项目：

整修油刷踏步：对踏步松动、缺损和锈蚀的维修。

更换井盖：对井盖、井圈缺损或原井盖不适宜使用者。

升降检查井：指原井高程不适宜，影响路面平整与车辆行驶或日常养护工作。

整修检查井：原检查井的井盖错动倾斜位移，井壁勾缝抹面脱落、断裂、井中堵塞。

翻修检查井：原井井筒下沉，井壁断裂错动或挤塌，将原井在原位置进行重建。

改建检查井：原井位置不良或类型、大小、深浅、高程已不适应使用与养护工作要求。

新建检查井：原沟道上检查井短缺，根据使用与养护需要而新建的检查井。

5) 沟道。

a. 有下列损坏情况，影响使用与养护应进行维修：堵塞淤死、腐蚀、裂缝、断裂、下沉、错口、反坡、塌帮、断盖、无底、无盖等。

b. 一般维修项目：

整修沟道：原沟道堵塞、裂缝、断裂、错口、勾缝抹面脱落、塌帮、断盖等局部损坏应进行整修工作。

翻修沟道：原沟道淤死、腐蚀、反坡、沉陷、断裂、无底、无盖等严重损坏，将在原位置、原状重新修建。

改建沟道：原沟道位置不良或原断面形状尺寸、深浅高程等已不适应使用与养护要求。

新建沟道：原地点位置没有沟道，按使用与养护工作需要新建沟道系统。

（三）重点设施的维护保养

为了排除污水，除管渠本身外，还须有管渠系统上的某些附属构筑物，这些构筑物包括雨水口、连接暗井、溢流井、检查井、跌水井、倒虹吸、冲洗井、防潮门、出水口等。在排水系统中，有一些设施对整个排水系统的正常使用有重大的影响，并且在使用中容易出现问题，因此在维护时作为工作重点加以关注。

1. 重点设施种类

在下水道养护中，经常把以下设施作为养护中的重点：

（1）倒虹吸

排水管渠遇到河流、山涧、洼地或地下构筑物等障碍物时，不能按原有的坡度埋设，而是按下凹的折线方式从障碍物下通过，这种管道称为倒虹吸管。倒虹吸管由进水井、下行管、平行管、上行管和出水井等组成，如图 7-10 所示。倒虹吸管一般为双孔：一孔使用、一孔备用。

（2）截流

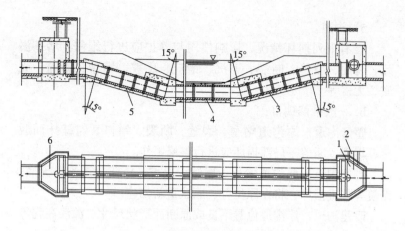

图 7-10 倒虹吸
1—进水井；2—事故排除口；3—下行管；4—平行管；5—上行管；6—出水井

在城市排水中，由于排水系统的限制，有些管道是合流管，既排雨水也排污水，最后都流入了河流，对水体的污染很大。当排水系统逐渐完善后，为了减少水体的污染，需要将合流（或雨水）管道中的污水截入纯污水管线，最后进入污水处理厂，经处理后，再排入水体，而下雨时，雨污混合水在截流管满流后，越过截流堰或截流槽，流入水体。在晴天它保障了污水不污染自然水体，在雨天它保障了雨水排除通畅，但还是不能彻底解决污染自然水体的缺点。

截流的主要形式有：堰式、槽式、漏斗式、结合式，如图 7-11 所示。

（3）出水口

一般在排水管渠的末端修建出水口，出水口与水体岸边连接处应采取防冲、加固等措施，一般用浆砌块石做护墙和铺底，在受冻胀影响的地区，出水口应考虑用耐冻胀材料砌筑，其基础必须设置在冰冻线以下。

出水口的形式一般有淹没式、江心分散式、一字式和八字式。

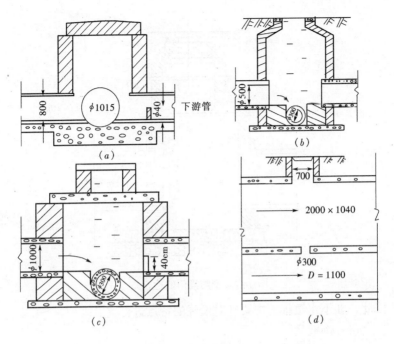

图 7-11 截流形式
(a) 堰式；(b) 槽式；(c) 槽堰结合式；(d) 漏斗式

(4) 闸门井

临河或邻海的地区，为了防止河（海）水倒灌，在排水管渠出口上游的适当位置上设置装有防潮门（或平板闸门）的检查井，如图 7-12 所示。

防潮门一般用铁制，其座子口部略带倾斜，倾斜度一般为 1:10~1:20。当排水管渠中无水时，防潮门靠自重密闭。当上游排水管渠来水时，水流顶开防潮门排入水体。涨潮时，防潮门靠下游潮水压力密闭，使潮水不回灌入排水管渠。设置了防潮门的检查井井口应高出最高潮水位或最高河水位，或者井口用螺栓和盖板密封，以免潮水或河水从井口倒灌至市区。

2. 维护保养特点

上述重点设施对整个排水系统的运行使用有着重大的影响，

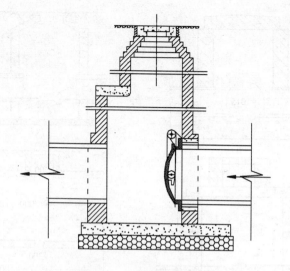

图 7-12 带防潮门的检查井

因此,在下水道维护中要针对设施的特点进行重点维护。

(1) 倒虹吸

由于倒虹吸管位置低,容易存泥,也比一般管道清通困难,因此必须采取各种措施来防止倒虹吸管内污泥的淤积。一般可采取以下措施:

1) 提高倒虹吸管内的流速。

2) 在进水井中设置可利用河水冲洗的设施。

3) 在进水井或靠近进水井的上游管渠的检查井中,在取得当地卫生主管部门同意的条件下,设置事故排放口。当需要检修倒虹吸管时,可以让上游污水通过事故排放口直接排入河道。

4) 在上游灌渠靠近进水井的检查井底部作沉泥槽。

5) 为了调节流量和便于检修,在进水井中应设置闸门或闸槽,有时也用溢流堰来代替,进、出水井应设置井口和井盖。

6) 倒虹吸管的上行管与水平线夹角应不大于 30°。

由于倒虹吸管的特殊性,要加强日常的检查,定期用高压射流车进行冲洗,及时打捞漂浮物,闸好备用的一孔虹吸管。

(2) 截流

要了解截流下游排水设施的运转情况，如泵站是否提升、河水是否倒灌，并经常检查截流管是否堵塞。定期清理井内杂物，以防堵塞截流管。

(3) 出水口

如出水口损坏，进行整修翻修时，要根据损坏的部位，确定维修的方法，自上而下拆除旧损的砌体，按原设计形式和尺寸进行恢复。出口如被淹没，在施工前必须做好围堰。修理海漫不能带水作业，须采取技术措施把水导流后，方可施工，海漫处于流沙地段的采用打梅花桩等技术方案进行施工，以保护海漫的稳固。

(4) 闸门

对于排水系统中的机闸形式及技术状况要了解清楚，以便有针对性地进行维护，一般情况下每个季度，汛期每个月对闸井内的启闭机进行一次清洗、涂油（包括启闭机外壳、螺杆启闭机丝杠、卷扬启闭机的钢丝绳、闸门、导轮），同时要检查各部件的运转情况，电动机闸要检查电路的绝缘情况。下到井内进行维护时，要遵守下水道安全操作规程，并详细记载闸门启闭时间、水位差、闸门启闭机的运转情况等。

（四）季节性养护

所谓季节性养护，就是把经常性养护内容根据季节情况特点，科学的组织下水道构筑物及其整个排水系统的养护工作，确定出养护的规律性与周期性，它是提高养护管理工作水平的关键。各个季节的工作重点是：

干旱时期：沟道的冲洗保洁工作和完善下水道设施与排水系统，如添建支线和附属构筑物等。

雨季汛期：汛期养护根本目的在于发挥排水系统与构筑物的最大排水能力和汛期排水的安全性，如水量的控制与渲泄，包括水流方向、水流流速和水的流量大小等以及排水系统地区内的积水与滞水状况。

潮湿时期：排水系统构筑物的整修，以维持完好状况。

寒冷时期：应对沟道系统构筑物进行疏通掏挖工作，确保沟道通畅。

按上所述，根据下水道设施排水系统具体任务与使用要求，在不同时期季节制定养护总计划，在此基础上确定出具体养护项目，组织实施下水道养护工作，并以此作为养护投资计划，养护机构制定养护管理工作的依据。

下面重点讲述一下汛期下水道设施的知识：

汛期养护的根本目的在于发挥排水灌渠的最大排水能力，保证汛期排水的安全性，了解水流方向、流速、流量以及排水系统及道路的积滞水状况。

1. 汛期养护工作的特点

（1）充分了解当地排水系统的最大排水能力，掌握排水系统的管道性质、水流方向、断面大小、排水范围、附建物状况以及管渠完好率、使用和养护等方面的情况。

（2）在防汛期间，做到"雨情就是命令"，及时出巡，打捞雨水口上的杂物。

（3）对降雨中和雨后排水系统的排水能力及积滞水状况，进行观测，考察原排水系统设计标准和泄水能力，积累资料。汛后通过对资料的分析，对于存在问题的排水系统采取修理恢复和改建工作。

2. 汛前准备工作

在汛期到来之前，要将整个地区的排水系统，包括管道、进出水口、雨水口、机闸等进行检查、疏通、掏挖、维修，保证正常使用。通过日常掌握的设施情况，确定重点积滞水地区，采取预防措施，制定应急预案。采取的措施一般有：

（1）增加雨水支线及雨水口。根据往年雨期的积滞水情况，对因缺少雨水支线和雨水口等排水设施造成积滞水的地区，在汛前完成增加排水设施的工作。

（2）建雨水调节池。由于降雨最大流量一般发生时间很短，根据这一特点，在雨水管道上游可利用天然洼地、池塘、可分流的沟渠或临时建造的人工调节池，调节雨水管道中流量。其作用是将雨水的高峰流量引进池中暂存起来，待降雨高峰流量过后，再将池内蓄水陆续向下游排泄。这种调节作用。可以提高雨水管道的排水利用率和雨水泵站的负荷量，因而应用较广，并且一般在管道设计时就已考虑进去。

（3）建立临时排水与防护构筑物：为了保护排水设施中某些重要构筑物，如水泵站、进出水口等免遭水毁，保护重要街道、工矿企业、居民区等免遭水淹危害，可采取各种防水抢险措施，主要有修建临时围堰。围堰是一种临时挡水防护构筑物，因此要求它具有坚固、稳定、不透水等性能。围堰种类很多，按情况来选择合理形式，通常采用的有土围堰、草袋围堰等。现介绍草袋围堰的构筑工作：

1）适用范围：用于拦截水流，保护进出水口、泵站、交通要道及建筑物等，一般适用于水深小于2m，流速小于2m/s的条件下，其筑堰形式根据水量的大小而定。

2）构筑方法：根据水量情况决定围堰构造。水量较小时采用草袋围堰，如图7-13所示。

水量大时采用草袋护坡土围堰，如图7-14所示。

上述堰体筑成梯形，边坡用装土的草袋叠筑，坡度一般为1:0.3～1:1，通常迎水面采用较陡直的坡度。填筑和装草袋的土料宜采用矿质黏土，便于阻水，防渗漏和自由沉实。草袋装土量约为草袋体积的2/3。在水中筑堰，装土草袋用长勾稳住运到预定位置，堰体内外边坡都要用两个草袋对口压实，水面以上部分的边坡方可采用单个草袋密码。由于围堰构筑物后水流面高和堰体本身的沉陷，围堰顶高应比防汛期间最高拦截水位高出0.5m，此高度称为安全高度。为保证围堰不渗漏，在筑堰前，应把筑堰地面杂草、烂泥、砖石块等清除掉并加以整平，码筑草袋由一端

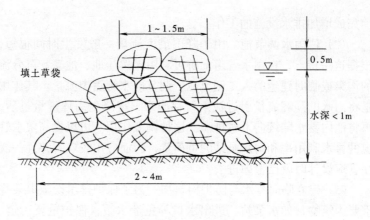

图 7-13 草袋围堰

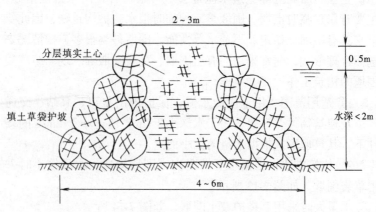

图 7-14 草袋护坡围堰

向另一端分层码密压实。

(4) 材料设备的准备

在汛期来临之前,根据设施情况,要准备一定数量的应急抢险材料,如大板、方木、草袋、砂石料、各种规格预制盖板等,存放在适当的位置,同时还要准备一定数量工况良好的水泵、发电机等,一旦出现险情时,材料与设备能及时到达现场,投入使用。

3. 汛期排水安全工作

(1) 降水时雨水口箅子和检查井均不宜打开，在必要时，一定要有明显标志、专人看护，防止行人、车辆发生意外。

(2) 对闸门的启闭必须按照控制运行要求与上级指示执行。

(3) 在降雨过程中和降雨后一段时间内，任何人员不得下井和下到进出水口、明渠等处进行维护作业与检查工作。

(4) 发现险情应及时进行防护与抢修，并立即上报，必要时要有专人防守，以防险情扩大或影响行人车辆及建筑物的安全。

（五）养护作业组织工作

1. 养护工程分类

为了开展对排水系统的维修，便于组织实施养护管理工作，对排水系统的养护工作以沟段为单位，根据排水系统构筑物形式、损坏部位及其损坏程度，确定工作性质（如整修、翻建、改建、新建等）和工程规模（以工程量、工作量等内容）划分为维护、小修、中修、大修四类，现分述如下：

(1) 维护工程：以保证排水设施完好有效为目的，其内容如下：

1) 采用各种方法清通地面明渠与地下沟道排水系统及构筑物。

2) 排水构筑物及其机闸等设备的日常保养与零配件的更换。

3) 整修排水构筑物零星损坏部位。

(2) 小修工程：修复排水设施局部损坏，保持排水构筑物的完好，其内容如下：

1) 小于养护的全沟段长度 1/5 的整修工程。

2) 小于养护的全沟段长度 1/10 的翻建、改建、新建工程。

(3) 中修工程：以恢复原有排水设施技术等级标准和构筑物完整性为准，其内容如下：

1) 大于养护的全沟段长度 1/5 的整修工程。

2) 大于养护的全沟段长度 1/10 的翻建、改建、新建工程。

(4) 大修工程：以提高现有排水设施技术标准为原则，包括排水能力与构筑物的强度，其内容如下：

1) 全沟段排水构筑物的整修工程。

2) 2/3 以上沟段翻建、改建、新建工程。

2. 养护工程实施

(1) 养护方案设计

1) 熟悉排水设施基本情况：由设计施工图纸资料中，掌握原有排水设施的基本功能与状况。

2) 了解现有排水设施的使用与完好情况。通过对排水设施现场检查为主的常规检查与专项检查工作，并根据排水构筑物的结构形式、损坏部位、损坏状况，评定出排水构筑物的使用状况与完好程度。

3) 制定养护方案计划：在熟悉与了解情况的基础上，确定出所需要进行的养护工程性质（整修、改建、新建等）和工程规模（如维护、小修、中修、大修等），拟订出养护工程方案，具体情况如下：

排水构筑物的维护与修理工作中，日常维护多以疏通、清淤掏挖为主；而疏通工作以水力冲洗为主，其次是绞车疏通或人力掏挖工作；排水设施结构损坏的修理属于小修工程，根据修理工程量大小与技术处理难易程度，分别制定出小修工程图说（即用图来说明修理部位、目的与方案，或单独进行修理工程设计，应用平面、纵横断面及各种局部剖面图来反映修理方案情况）；属于大中修工程，以单位工程项目进行工程设计。

(2) 养护工程设计工作

1) 设计文件内容：根据养护方案，经过现场勘察、测量、水力与结构计算，绘出设计图纸，编制施工设计图纸文件，主要

内容如下:

a. 设计说明书:由工程概况、设计要点、主要工程量和施工要求四部分组成。

工程概况:说明工程修建理由、工程地点、性质、范围、总工程量、总造价以及工程目的。

设计要点:叙述设计参数的选用,平面位置,纵断高程等关键控制数据。

主要工程量:各种管径断面的管道长度,附属构筑物类型规格及相应数量。

施工要求:如施工方法、工程质量标准、安全注意事项等。

b. 工程计算书:包括工程数量计算、水力计算、特殊构筑物的结构计算等内容。

c. 设计图:包括总平面图、平面设计图纵断面设计图,无统一标准的特殊处理基础或附属构筑物的施工图。

d. 设计概算与施工预算。

2) 养护工程概算与预算知识

a. 工程造价种类:为有效地对养护工程进行经济管理,实施成本核算,实行养护投资估算、设计概算、施工预算、工程结算的办法,其中:

养护投资估算方法是根据不同地区所制定的扩大养护定额,即养护单位排水设施所需配备或耗用的人力与物力(包括材料、运输、机械设备等)限额,由此确定出的养护率,即单位排水设施所需用的养护费用,单位为元/km,作为估算养护投资、分配养护费用的依据。

设计施工概算是根据设计图纸文件与施工方案,按照各地区现行概预算定额及其决定取费标准而编制的,它是养护工程设计文件的主要组成部分,是编制养护工程进度计划,控制养护工程费用,实行成本核算的依据。

b. 概预算的基本内容:

直接工程费:直接耗用在养护工程上的各种人力与物力的费

用总和，包括人工、材料、机械设备运输等使用费用。

施工管理费：指组织与管理养护工程施工和为直接生产工作服务所产生的费用，包括管理人员工资、办公费、固定资产使用费、职工教育费、劳动保护费、工具折旧费等。

其他间接费：上述两项未包括的费用如临时设施费和劳动保险基金。

其他费用：包括计划利润和税金等。

c. 养护工程设计概算费用之间关系、计费程序及费率情况，详见工程造价概算总表。

d. 设计与施工概预算的编制。

编制依据：设计图纸文件和施工方案；

概预算定额（即单位计价表，主要内容包括工程项目的工作内容、标准、单位需用量与耗用量等）；

工程量计算规定；

施工管理费及各项取费标准。

编制程序与方法：

熟悉设计图纸，深入工程现场调查。

根据设计图纸，概预算定额，施工方案与施工工艺，有关计算工程量规定，确定出各分项工程项目工程量。

编制工程概预算造价表，把已经计算出各分项工程项目的工程量，按照施工工艺操作顺序，一般由开始到结束或者相反系列工作项目进行排列填写，然后采用对应概预算定额项目的工作单价，将数量与单价相乘汇总，即得出单位工程直接费用。

编制概预算费用汇总表，即工程造价概预算总表，此表以直接费为基础，按照费用定额计算程序及各种取费费率标准，计算出各项费用，累计后，综合计算出该单位工程造价概预算总表。

（3）养护工程作业计划编制工作

1）作业方式的制定：在施工方案与工艺流程基础上，运用网络技术，按照各项工程项目先后顺序与相互搭接关系，找出关键路线，根据顺序、平行、流水三种基本作业方式，确定出各项工程项目间的具体作业方式、作业进度计划、工料机运的使用，使三者之间相互综合平衡。

2）养护作业计划编制

a. 按照养护作业计划性质分：

综合养护作业计划：小修维护工程，因为养护工程部位分散，养护工作量小，养护工作项目少或单一，所以一般以养护工程项目作为编制作业计划的基础，对养护部位进行分类，实施综合养护作业计划，如水力冲洗养护工程项目，将冲洗的各沟段名称作为养护部位分类，然后再具体确定冲洗作业时间及所需要用的人力、材料、机械、运输设备等。单位工程养护作业计划：对于大中修工程，因为养护工程部位集中、工程规模较大、发生的养护作业项目较多，一般应以单位工程周围编制养护作业计划的基础，编制单位工程养护作业计划。

b. 按照养护作业计划日期分：年度计划、季度计划、月度计划、旬计划等。

c. 按照养护作业计划种类分为：作业进度计划、劳动力需用量调配计划、材料供应计划、机械使用计划等。

复习思考题

1. 叙述下水道养护检查工作内容与检查方法。
2. 说明井下安全作业都有哪些要点。
3. 说明水力冲洗的条件、器具和机械冲洗的使用方法。
4. 在什么情况下，应用绞车疏通方法疏通管道？
5. 说明下水道日常养护的方式及操作方法。
6. 如何进行汛期水量的调节与组织抢险和安全工作？
7. 如何确定水冲周期？
8. 下水道积泥的快慢程度主要受哪些因素的影响？
9. 造成下水道损坏的原因都有哪些？
10. 简述排水构筑物各种损坏与维修方法。

11. 说明季节性养护工作的内容。
12. 排水构筑物损坏形式及其主要部位都有哪些？
13. 排水设施淤积的产生、清除及其养护周期确定方法有哪些？
14. 养护工程分类原则与方法是什么？
15. 如何制定养护计划？
16. 如何编制养护作业计划？

八、下水道设施管理

(一) 概 况

下水道设施管理工作的根本目的在于保持排水系统完好，减少损坏，减轻日常养护工作量，充分发挥下水道设施的排水功能，保证下水道设施正常使用。为了实现上述目的对城市下水道设施实行专业管理与群众管理相结合，排水设施系统与行政区划相协调的方针。对于整个公用排水设施系统采取集中统一专业管理办法，建立养护管理机构，即养护管理局—处—所—段—班—组等。实行岗位责任制分片包干，以发挥全体养护管理人员的积极性。对于工矿企业、居民区内部专用排水设施采用谁使用、谁管理、谁养护的分散群管群养管理方式，以发挥地区群众性的养护管理排水设施积极性。

关于设施管理工作内容，一般有排水设施养护状况管理和使用情况管理，将在下节分别叙述。

(二) 下水道设施养护状况管理

1. 排水设施等级标准的制定与实施

(1) 排水设施以排水功能级别标准划分

1) 总干管：在排水系统区域以内，担负整个区域的水量，并汇集接纳干管及部分次干管道的污水，将其送入污水处理厂、泵站或河流的沟道。一般雨水没有总干管，由干管直接排入河道。

2) 干管：在排水系统范围内，担负部分区域的排水量，汇集各排水次干管及部分支管的雨（污）水，并将其送入总干管的管道或河道。

3）次干管：在排水系统范围内，担负局部地区的排水量，汇集各支管的雨（污）水，并将其送入干管或总干管的管道。

4）支管：在排水系统范围内，担负具体地点水量的收集，汇集户线的雨（污）水，并将其送入次干管、干管或总干管的管道。

5）户线管：在排水系统范围内，专门担负厂矿、机关团体、居民小区、街道的污水搜集，并将污水排入外部市政排水管道的管线。

(2) 排水设施以技术等级标准划分

1）城市污水（含合流）管道技术等级是以污水充满度（符合设计规定程度）、技术状况（达到设计标准的程度）和附建物完善情况（对设计要求的齐全配套程度）来确定每条管线的技术等级，如表8-1所示。

污水管道技术等级标准 表8-1

等级 项目	一级	二级	三级	四级
充满度	≤设计规定	>设计规定 <满流	满负荷	超负荷压力流
技术状况	达到设计标准	局部改变设计未降低标准	降低标准，有渗漏	不符合设计，有渗漏、反坡
附建物完善	配套齐全	齐全	不配套	不齐全

注：关于渗漏的界定，凡超过管道闭水试验指标者为有渗漏。

2）城市雨水管道技术等级标准是以雨水溢流周期（符合设计规定）、技术状况（达到设计标准的程度）和附建物完善情况（对设计要求的齐全配套程度）来确定每条管线的技术等级，如表8-2所示。

雨水管道技术等级标准　　　　表 8-2

项目＼等级	一级	二级	三级	四级
溢流周期	＞设计规定	＝设计规定	＜设计规定	＜设计规定
技术状况	达到设计标准	局部改变设计未降低标准	降低标准，有反坡	不符合设计标准
附建物完善	配套齐全	齐全	不配套	不齐全

(3) 排水设施养护质量等级标准划分

通过规定出下水道养护质量检查标准和制定养护质量检查方法从下水道设施使用效果、结构状况、附建物完整程度三个方面进行检查评议定级，最后综合反映出下水道设施完好状况。

1) 下水道养护质量检查标准：如表 8-3 所示。

下水道养护质量检查标准　　　　表 8-3

项目	内容	标准	说明
使用：排水通畅	管道存泥	一般小于管径的1/5大于 1250mm 管径者小于 30cm	大管径或沟深大于 1250mm 的存泥应小于 30cm
	检查井存泥	同上	同上
	截流井存泥	同上	同上
	进出水口存泥	清洁无杂物	应做到清洁无杂物
	支管存泥	小于管径的1/3	雨期小于1/3管径，冬期小于1/2管径
	雨水口存泥	同上	同上

续表

项目	内　容	标　准	说　明
结构：无损坏	腐蚀	腐蚀深度小于0.5cm	小于0.5cm不作为缺点
	裂缝	保证结构安全	满足现状强度要求
	反坡	小于沟深的1/5	所影响流水断面小于管径1/5,不作为缺点
	错口	小于3cm	
	挤帮	保证结构安全	不影响结构安全,沟深1m以下,小于沟深1/10;沟深高1m以上,小于10cm,不作为缺点
	断盖	保证结构安全	有裂缝但不影响结构安全,不作为缺点
	下沉	保证结构安全	小于1cm者,不作为缺点
	塌帮塌盖	不允许有塌帮、塌盖、无底、无盖情况	如果有,即为缺点
	排水功能	构筑物排水能力与水量相适应	
	检查井	无残缺、无损坏、无腐蚀	井口与地面衔接平顺;井盖易打开;抹面、勾缝无严重脱落;井墙、井圈、井中流槽无损坏、腐蚀;踏步无残缺、腐蚀等
附属构筑物：应完整	截流井、出水口	同上	同上
	雨水口、进水口	同上	模口与地面衔接有利于排水;井墙、箅子、模口没有损坏
	机闸、通风设备	适用,无残缺	启闸运转灵活;部件完整有效

下水道以长度（m）计，100m 为一个考核单位。各项考核内容的计量单位：

①使用项目：管道要通畅。即以 100m 的长度内影响使用的缺点长度数量多少进行评定等级。

管道存泥：按米计。

检查井存泥：井内存泥超标用下游一个井距长度反映，按米计。

截流存泥：存泥超标用下游管段长度反映，按米计。

进出口存泥：存泥超标用下游管段长度反映，按米计。

支管存泥：按米计。

雨水口存泥：用 m/座反映，用直管长度米计。

②结构：无损坏。即以 100m 的长度内影响沟身完整的缺点长度（m）数量多少进行评定等级。

腐蚀：用 m^2/m 反映，按米计。

裂缝：用 m^2/m 反映，按米计。

反坡：按米计。

错口：用一处错口上、下游各 4m 长度反映，按米计。

挤帮：用 m^2/m 反映，按米计。

断盖：用 m^2/m 反映，按米计。

③附建物：要完整。即以 100m 的长度内影响附建物完整的缺点长度（m）数量多少进行评定等级。

检查井：按座计。

雨水口：按座计。

启闭闸：按座计。

2）养护质量检查评议办法

①养护质量检查方法：养护质量状况检查由组织养护生产的管理人员、专业技术人员和直接从事养护工作的人员组成。以现场检查为主要方式，对日常养护工作质量实行定期检查如月、季、年度检查，对季节性养护工作质量状况实行季节性检查，如干旱期、雨期汛期、冰冻期等，将现场设施养护质量状况检查结

果做好原始记录,给下一步分析评定设施养护质量状况打下基础。

②养护质量状况评议工作

a) 评议标准

共分为四级。

a. 一级:满足使用要求,养护质量良好。

即全部达到养护质量检查标准或基本上达到养护质量检查标准,虽有零星缺点,但通过日常维护可以解决。

b. 二级:基本满足使用要求,养护质量较好。

即基本达到养护质量检查标准,设施存在的缺点对设施使用影响较小,通过加强维护就可以解决。

c. 三级:能维持使用,养护质量较差。

即设施存在的缺点对设施使用影响较大,须通过维修或修理方可解决。

d. 四级:勉强维持使用,养护质量很差。

即设施存在的缺点对设施使用有严重的影响,必须通过修理或翻修解决。

b) 设施定级办法

根据下水道养护质量检查标准,对设施进行检查,按上述计量方法对缺点进行计算,首先按使用、结构、附建物三项进行分项评议,评议标准见表8-4,将评议结果填入"养护质量评定表"中,如表8-5所示。

养护质量考核评定等级标准　　　　表 8-4

级数 项目	一级	二级	三级	四级	备注
使 用	≤5	≤15	≤25	>25	
结 构	≤1	≤10	≤25	>25	
附建物	≤1	≤2	≤3	>3	

养护质量评定表 表 8-5

管段名称	长度(km)	分项评议结果			评定级别			
		使用	结构	附建物	一级(km)	二级(km)	三级(km)	四级(km)
合计								

制表人：　　　　　　　　　　　　　　　　　　　年　月　日

在分项评议的基础上对整条沟段进行定级，定级时以使用项目为主要项目，并参照其余两个项目，其定级办法如表8-6所示。

下水道设施养护情况定级标准　　表 8-6

一级设施			二级设施			三级设施			四级设施		
使用	结构	附属构筑物	使用	结构	附属构筑物	使用	结构	附属构筑物	使用	结构	附属构筑物
1	1	1	2	1	1	3	1	1	4	1	1
1	1	2	2	1	2	3	1	2	4	1	2
1	1	3	2	1	3	3	1	3	4	1	3
1	2	1	2	2	1	3	2	1	4	1	4
1	3	1	2	2	2	3	2	2	4	2	1
1	2	2	2	2	3	3	3	1	4	2	2

续表

一级设施			二级设施			三级设施			四级设施		
使用	结构	附属构筑物	使用	结构	附属构筑物	使用	结构	附属构筑物	使用	结构	附属构筑物
1	2	3	2	3	1	3	3	2	4	2	3
1	3	2	2	3	2	3	3	3	4	2	4
1	3	3	2	3	3	3	4	1	4	3	1
			1	4	4	3	4	2	4	3	2
			1	1	4	3	4	3	4	3	3
			1	2	2	3	1	4	4	3	4
			1	3	3	3	2	4	4	4	1
						3	3	4	4	4	2
						2	1	4	4	4	3
						2	2	4	4	4	4
						2	3	4	1	4	4
						2	4	1	2	4	4
						2	4	2	3	4	4
						2	4	3			

3) 设施完好率

所谓下水道设施完好率就是一定范围内下水道整体的完好情况。通过对下水道的检查,定出每条下水道的级别,共分为四个等级,其中一、二级设施所占的比例即为本单位所管辖的下水设施的完好率。

$$下水道设施完好率 = \frac{一、二级设施和(km)}{养护范围(km)} \times 100\% \quad (8\text{-}1)$$

【例】 某下水设施养护单位共养护下水道 896 条,294.3km。经养护检查评定,一级设施 213 条,72.1km、二级设施有 327 条,108.2km、三级设施有 262 条,78.6km、四级设施有94条,35.4km。问该养护单位的下水道设施完好率是多少?

【解】

$$下水道设施完好率 = \frac{一、二级设施和（km）}{养护范围（km）} \times 100\%$$

$$= \frac{72.1 + 108.2}{294.3} \times 100\%$$

$$= 61.26\%$$

答:该养护单位的下水道设施完好率为61.26%。

2. 排水设施养护技术经济指标

对于排水设施养护方案的可行性进行定性定量的分析、对比和评论,论证其技术上的正确性、经济上的合理性,并以相应的指标作为反映设施养护技术经济状况。设施养护经济指标的制定一般有两种方案,即:一是根据以往设施养护经验,以历年养护状况统计资料为基础,制定有关设施养护技术经济指标;二是按当前设施完好与使用现状需要,根据排水设施技术等级标准,以确保设施完好率为基本条件,制定相应的有关设施养护经济指标。

一般常用各种养护技术经济综合指标有以下几种:

(1) 养护率:表示单位排水设施在单位时间内所需要的养护费用,其单位为:元/km/年或元/km/月,作为不同时期、不同地区设施养护费用投入状况和分配设施养护投资费用的依据,它是设施养护的主要经济指标。确定养护率方法是以历年需用的养护费统计资料或以扩大养护定额为基础来确定的,以历年养护资料为基础的制定方法如下:

$$养护率 = \frac{\frac{y_1}{x_1} + \frac{y_2}{x_2} + \cdots \frac{y_n}{x_n}}{n} (元/km/年) \tag{8-2}$$

式中 y_1、$y_2 \cdots \cdots y_n$——在 n 年中各年排水设施养护费用(元);

x_1、$x_2 \cdots \cdots x_n$——在 n 年中各年排水设施养护里程(km);

n——年数值(年)。

(2) 扩大养护定额:指排水设施养护在单位时期内单位长度

上所需要的人工、材料与机械设备,即所耗用的工、料、机种类与状况,它是制定养护工作计划、实施养护工作的依据,是设施养护经济指标之一,其单位为工、料、机耗用量/km/年。

(3) 完好率:它表示不同时期、不同地区排水设施可实用性的程度及设施养护效果状况,是排水设施养护的主要技术指标。

(4) 维修率:表示单位排水设施在单位时期内维修工程规模及所需的维修工程量,可反映不同时期,不同地区维修工程量的大小和设施全面养护程度,作为组织实施养护工作的依据,是养护技术指标之一,其单位为设施综合维修率,以 m/km/年表示;若指附属构筑物维修率,则以座/km/年表示。

确定维修率,一般通常也是以历年设施维修统计资料为基础,计算方法如下:

$$维修率 = \frac{\frac{z_1}{x_1} + \frac{z_2}{x_2} + \cdots \frac{z_n}{x_n}}{n} (元/km/年) \qquad (8-3)$$

式中 z_1、z_2……z_n——在 n 年中各年排水设施维修(包括大、中、小修)工程量大小(m 或座);

x_1、x_2……x_n——在 n 年中各年排水设施养护里程(km);

n——年数值(年)。

(5) 养护周期:根据设施养护质量标准,对排水设施进行养护工作的间隔时间,一般以历年设施养护清通与维修周期的循环次数来确定设施养护周期,作为安排实施养护具体工作计划的依据,它是养护技术指标之一,也是实现随排水设施有计划的进行养护工作,做到预防为主,减少维修工作量,以保证设施经常处于完好状态,单位为次/年。

综上所述,排水设施养护各项技术经济综合指标的相互关系及其养护工作实施循环过程如图 8-1 所示。

因此,经过对设施养护情况的技术经济分析,要求在一定范围内,排水设施养护技术指标要高,而经济投入要少,为最佳方案。

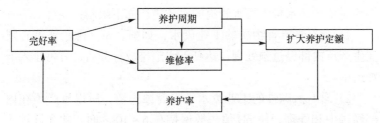

图 8-1　养护技术经济综合指标相互关系

（三）设施使用情况管理

1. 水质管理

各种排水管道接受的水质条件如下：

(1) 雨水管道和明渠：不允许排入任何污水，其中雨水沟道的水质应满足排入的水体对水质要求，以保证城市环境卫生为基本条件，根据排水规范规定如表 8-7 所示。

地面水体水质要求　　　　　　　　　表 8-7

水质条件	排入水体卫生指标
溶解氧（DO）	水体溶解氧 > 4mg/L
生化需氧量 $BOD^{20}/5$ 天	水体 BOD_5 < 4mg/L
pH 值	水体 pH 值 6.5~8.5
有毒有害物质	水体氰化物 < 0.05mg/L 水体硫化物 < 0.05mg/L 水体有毒物 < 0.5mg/L 水体油质为 "0"

(2) 合流管道：接受雨水及各种生活污水，为避免生活污水中悬浮物和有机物含量过大，堵塞管道，加大污水处理难度，一般粪便污水须经过化粪池，方可排入管道中。

(3) 污水管道：不允许排入雨水，以减轻泵站和污水处理厂的污水负荷量。生活污水性质比较稳定，一般对水质不做要求。而工业废水因为生产条件悬殊，污水性质变化较大，水质不稳定，为了保护下水道设施不受损坏和养护管理人员的安全作业，必须对生产污水排入污水管道的水质进行如下限制：

1）含有毒有害物质的工业废水，如酚、氰、砷、铬等必须在生产厂内部经过预处理，达到下水道排放标准后，方可排入下水道中。

2）含有酸碱性的工业废水，因腐蚀沟道，所以也必须在内部经过中和处理，使 pH 值一般保持在 6~10 之间，才允许排入下水道。其中，pH 值是鉴别水质酸碱性程度的标准，其值范围是 1~14，当

pH 值 = 7 时，水是中性。

pH 值 > 7 时，水为碱性，pH 值 = 14 为强碱性。

pH 值 < 7 时，水为酸性，pH 值 = 1 为强酸性。

现场检查污水中 pH 值大小，一般采用 pH 值试纸进行检查。

3）含有各种油脂物质的生产污水，易堵塞管道，影响流速，也必须经过内部除油处理，方可排入下水道中。

按上所述，生产污水排入下水道时，水质标准要求如表 8-8 所示。

污水排入下水道时水质标准　　　表 8-8

一般有害物质	最大允许排放浓度（mg/L）	一般有害物质	最大允许排放浓度（mg/L）
pH 值	6~9	氰化物	1.0
悬浮物	400	硫化物	2.0
生化需氧量（BOD_5）	300	铜化物	2.0
化学需氧量（COD）	300	锌化物	2.0
汞化物	0.05	氟化物	2.0
镉化物	0.1	苯化物	5.0
高价镉化物	0.5	挥发酚	2.0
砷化物	0.5	矿物油类	30
铅化物	1.0	动植物油	100

注：此表为城市下水道进入二级污水处理厂进行生物处理的污水水质标准。

2. 水量管理

(1) 概述

水量状况包括水流流向、流速、流量是检验排水系统排水能力的惟一指标，也是考核排水系统养护状况通畅优劣程度的主要标准，同时也反映排水体制与排水系统的合理完善程度。因此做好水量管理，掌握水源的水量状况与排水系统的排水构筑物排水量的相应关系，是搞好排水系统养护工作的关键，而影响水源水量因素分述如下：

雨水与合流系统为该地区降雨量特点以及降雨强度大小、汇水面积范围、降雨地区径流时状况（它取决于地形、地貌、水文地质条件）等，这些因素决定了降雨量的水量状况。污水系统是以当地居民生活居住条件与生活水平及商业与公共设施设置状况，工厂区分布特征与生产状况等，这些因素决定了城市污水量性质与水量大小的状况。

因此，各类排水系统中排水构筑物的排水能力与排水设施标准状况，必须要不断的满足上述水量变化因素的条件，才能达到相互适应的程度，这就是进行水量管理工作的根本任务。

(2) 水量管理办法

1) 排水系统中排水构筑物的水量测定——流量测定工作

流量测定的目的是为了了解排水设施实际排水能力与设施标准状况，排水设施现状（包括养护状况与完善程度）与原有排水设施排水能力发挥的程度，如污水管道排污量大小，水量均匀程度，反映出每人每日或单位产品排污量与污水量变化系数等污水量各项参数状况，以及雨水合流排水量的各项水量参数变化与排水设施现状标准，设施养护和设施完善程度是否相互一致；同时也对下水道养护、抽水泵站、污水处理、河湖系统管理、环境保护、污水收费等各项工作提供依据。然而测量流量方法很多，主要根据水利学原理、排水构筑物水流情况，使之尽量符合水利学规定的水流条件，因地制宜地选用，一般测流方法有以下几种类别：

①利用排水设施测流：有无压管道均匀流法和闸下流量法。

量水堰测流：有薄壁堰、矩形堰、宽顶堰等。

量水槽测流：一般为巴歇尔氏计量槽法。

②仪器测流：

a. 流送仪法：常用种类有旋杯式和旋浆式，主要部分是旋转器和计数器，其原理是水流推动旋转器转动，转速与流速有一定比例关系来测定流速；测速范围流速在 0.1~4m/s，水深大于 0.16m，测流方式有固定、历时两种。

b. 水面浮标法：水深过浅，不能采用流速仪时，可应用此法。

c. 水位计法：根据水位升降变化和时间关系测出流量，常用方法有水位尺直接读数，自记水位计（可连续观测），超声波探测器测水位等。

按照测流连续程度有连续测流和间断测流两种方式。

各种排水构筑物一般常用测流方法如下：

a. 污水处理厂：一般利用泵站设施测流，如通过水泵铭牌测流、利用泵站集水池测流，集水池测量流量计算方法如下：

$$Q = F \times H / T \tag{8-4}$$

式中　Q——水泵水量（m^3/s）；

F——集水池水面面积（m^3）；

H——测流时集水池水位下降高度（m）；

T——测流历时（s）。

b. 地下排水沟道：利用设施本身测流，自记水位或超声波探测器测流。

c. 地名河渠：一般应用水位尺、流速仪测流。

2）地面积水与滞水的形成和解决途径

由于天空降雨，排水设施养护不善，及原来排水系统排水能力遭到破坏，往往出现地面积水与滞水不良现象，这就是整个排水系统养护与管理工作出现问题而产生的后果；此问题的解决，从养护管理角度来讲，在于恢复、完善与扩大原有排水系统的排水能力和修建新的排水系统。关于排水系统的排水能力情况可从两个方面来管理：一要使排水系统的最大排水能力必须大于当地最大降雨量所形成的最大流量，以不出现积水和严重长时间滞水为原则，适应和满足此地区排水的需要；若排水系统最大排水能力小于实际最大降雨量所形成的最大流量，不能适应与满足排水要求，出现不同程度积水与滞水，应事先做好预报工作，及早采取防范措施，减轻危害程度。如何了解与提高原有排水系统排水能力，不产生积水与滞水情况，从下述两方面进行工作：

①对整个地区排水系统，如河渠系统、排水设施性质（指地面明渠、地下管道的雨水合流、污水等管网），排水范围与水流流向、排水构筑物现状的最大排水能力（Q_{max}）必须熟悉，为此目的，在日常养护工作中，要掌握排水系统的完善、使用与养护三个方面情况。

②对当地发生有记载的最大降雨量和历次降雨情况进行现场观测汇水区域情况，了解与控制水流流向、流速与流量，将该地区实际发生的最大流量的降雨量与降雨历时换算为该地区实际降雨强度，以下式表示：

即
$$i = k \times h/t \tag{8-5}$$

式中　i——降雨强度（L/s，hm²）；

　　　h——降雨量（mm）；

　　　t——降雨历时（min）；

　　　$k \approx 167$。

根据此地区实际汇水区域范围 $F_实$ 和实际径流状况 $\psi_实$，则可得到该地区实际量 $Q_实$

即
$$Q_实 = i \times F_实 \times \psi_实 \quad (L/s) \tag{8-6}$$

并以此考核原排水设施标准各项水力参数，如溢流周期地面集水时间 t_1、径流系数 ψ、汇水面积 F 等是否满足排水需要，如果$Q_{max}/Q_{实}\geq 1$时，表示满足要求，若$Q_{max}/Q_{实}<1$时，表示原排水系统已经不能满足排水要求，为适应排水需要，一般解决途径如下：

①恢复：完善和提高原有排水系统，增大排水能力方面有以下几点：

a. 加强排水设施的养护工作。

b. 完善排水系统各种设施，如添建支线、雨水口、进出水口及其附属构筑物的数量。

c. 改善排水系统，新改建过水构筑物，提高排水能力。

调节与缩小排水系统各排水构筑物汇水区域范围，利用各排水系统的排水流量不均衡性，将雨水系统与合流系统、污水系统与合流系统用连通管相互连通，使水量相互调节，达到增大排水能力的目的。

②调节和降低地区降雨量的径流量有以下几点：

a. 减少排水系统构筑物汇水区域范围，设立地面分流与截流设施，调节汇水区域内的水流的径流量。

b. 地面分流设施，一般是利用地形地势开辟沟渠和临时泄水道来进行分流。

c. 地面截流设施一般采用围堤堵截控制水流流向，筑堰调节水流流量等方法。

③关于雨水径流量的调节设施——调节池的形式和工作原理是调节池的形式通常有溢流堰式和底部溜槽式两种，如图8-2所示。

3. 调节池的工作原理

溢流堰式：调节池设置在干管一侧，有进出水管，进水管较高，管顶一般与池内最高水位相平，出水管较低，管底一般与池内最低水位相平。Q_1为调节池上游干管中流量、Q_2为不进入调节池的水量、Q_3为调节池下游管流量、Q_4为调节池进水流量、Q_5为调节池出水流量。当$Q_1 \leq Q_2$时，雨水量不进入调节池，不需调节；当$Q_1 > Q_2$时，将有$Q_4 = Q_1 - Q_2$流量通

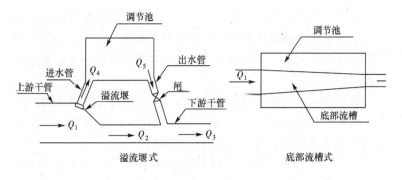

图 8-2 调节池的形式

过溢流堰进入调节池，调节水量工作开始，而 Q_1 增加 Q_2 也不断增加，当 Q_1 达到最大流量时，Q_4 也达到最大，然后 Q_1 减少 Q_2 也减少，直到 $Q_1 = Q_2$ 时，该池不再进水（$Q_4 = 0$），以后贮存池内水量通过池出水管不断排走，直到放空 $Q_5 = 0$ 为止；为减少调节池下游雨水干管流量，池出水管流量 Q_5 希望尽可能减少，即 $Q_5 < Q_4$，使管道工程造价降低，所以池出水管径是根据调节池的允许排空时间来确定，一般在雨停以后的放空时间不得超过 24h，放空管直径不小于 150mm，在此条件下，下游管道设计流量应为 $Q_3 = Q_2 + Q_5$，而进水处溢流堰流量为 Q_4。

底部流槽式：当 $Q_1 \leqslant Q_3$ 时，水流全部由底部流槽排走，池内底部流槽深度等于池下游干管直径；当 $Q_1 > Q_3$ 时，池内逐渐被多余水量 $Q_1 - Q_3$ 所充满，池内水位上升，直到 Q_1 不断减少至小于池内下游干管通过能力 Q_3 时，池内水位逐渐下降至排空为止。

按当地条件及技术经济合理性，一般对于溢流堰式、底部流槽式。调节池放空时间为 $T = V/Q_5$，一般要小于 24h，而出水管径要大于 150mm，按照上述条件来确定出水管径和出水管流量 Q_5。

当整个地区排水系统中河渠系统的水位与流量已不能满足本

地区排水构筑物的水位高程与流量时，一般在构筑物下游出水排放口或管道内设置防洪闸门，以防止河水倒灌，而实际上是将整个排水设施暂时起到蓄水调节作用，仍可按调节池各项因素进行考虑。

地面积水与滞水的预测工作：事先预测出积滞水具体地点、范围大小，积滞水深度与时间，并采用相应的防范措施，减轻危害损失程度等预测方法，一般有三种类型：

a. 判断预测法：在无任何水文资料条件下，仅根据当地的地形地势现状，如低洼地带，在出现降雨时来判断积滞水发生的可能性，从调查收集当地群众反映和积滞水的形态痕迹，进行整理后用经验评估找出降雨量大小与地区积滞水状况关系，这种仅凭直观了解判断，其可靠性与精确性欠佳，然而这是一种常用的方法。

b. 引伸预测法：在有积滞水的地区，也掌握一定的积滞水情况资料，以此为基础，采用一定的计算方法来预测未来积滞水状况，这种仅把地区积滞水资料结果进行累计分析、推断，而把降雨强度局限在以往一定的降雨范围内，没有考虑到具体降雨强度变化因素影响，其准确度较差，这种引伸预测一般采用移动平均法，即将历年降雨时积滞水深度与范围进行算术平均或加权平均，以此数值作为此地区一般滞水状况。

c. 因果预测法：就是产生积滞水的原因，如降雨量与降雨历时等和产生积滞水结果的危害程度，如积滞水深度等相互因果关系，找出事物变化的原因，建立相应数学模型，预测事物未来发展状况，这种方法对事物的预测科学与准确程度得到较大提高，但此预测法所用的资料要准确，其步骤繁杂，主要应用回归分析法，通过调查，利用历年的降雨与积滞水深度的原始统计资料，建立水深、降雨量和降雨历时二元线形回归数学模型。在此我们不作具体讨论。

按照我国气象规定把降雨强度（即单位时间的降雨量）大小划分如下雨情，如表8-9所示。

雨量分级状况　　　　　　　　表 8-9

雨　　情	降雨强度
小　　雨	<2.5mm/h，<10mm/d
中　　雨	2.6~8mm/h，10~24.9mm/d
大　　雨	8.1~15.9mm/h，25~49.9mm/d
暴　　雨	>16mm/h，50~100mm/d
大 暴 雨	100~200mm/d
特大暴雨	>200mm/d

而阵雨一般指降雨时间短促、开始和终止突然、降雨强度变化较大的雨。

将气象预报的雨情，用上述降雨强度来判断降雨量大小和降雨持续时间长短，按照某地区经验公式，预测出积滞水状况（水深与面积）。在重点积滞水地区和排水设施排水不利薄弱易阻水部位，汛前加强对雨情和设施状况的分析，采取预防措施，如将养护沟道、雨水口、进出水口等整个排水系统进行检查，全部疏通，保证正常使用，汛中加强现场水量（流向、流速与流量）观测，采取抢救措施，如临时泄水道、分流办法、配备防汛器材（水泵、草袋等），人员疏散，地面与地下建筑物的保护工作，汛后汛期加强水情和雨量资料整理，对排水系统采取必要的整修和改建工作。

4．管道及附建物管理

（1）接修户线

工厂企业和居民区住户接修户线，应审查并检验水质、核算水量、确认连通沟道位置和接修方法，同时进行监督和指导施工，户线接入下水道一般要求接入检查井与井中管线顶平相接，具体要求如下：

1）下水道不得直接接入有粪便污水的户线。

2）户线不得接入雨水口。

3）污水户线不得接入雨水管道，雨水户线不得接入污水管道，合流户线接入污水管道必须有截流设施。

4）接入砖沟的户线，因条件限制，不能接入检查井时，可以允许接入沟帮，但距沟底不得超过 1.2m，禁止凿拱圈接入拱沟，或在干线加设检查井与连结井接入沟道。

(2) 日常巡视

为了保证排水系统与下水道构筑物完好和正常使用，不受人为的损坏、占压、私接乱接户线等，对设施应进行必要的保护，建立相应的检查管理制度，了解下水道设施自然损坏情况、淤泥状况和使用上的缺点，如遇水口缺少、位置不适宜、进出水口不良以及局部积水、阻水、滞水等情况，并应定期和不定期进行井上和井下巡视等工作，积累资料，为养护工作提供数据。

(3) 负责对新建、改建、修复的下水道排水工程设施的监理和验收工作，凡属于由国家地方等投资兴建的基础设施项目中的新建排水设施、市政工程管理部门为解决地区积水与居民、工矿企业的污水排放所修建的下水道支线、房管与环卫部门所修建的户线、市政设施管理部门对原有下水道设施进行翻改建等均为市政下水道管理范围。根据不同情况与要求，参加审查设计、监督施工和中间隐蔽工程部位竣工验收工作。

5. 养护维修资料管理

养护维修资料包括下水道设施技术档案、设施台账、维修记录、养护情况其内容包括排水设施基础技术档案资料，雨期汛期排水设施的排水能力状况，地面积滞水与排水构筑物阻水状况资料，排水设施历年养护（大、中、小修与维护）状况资料，要为城市建设、环境保护、排水工程设计施工养护提供准确技术数据和可靠资料。

（四）排水系统养护组织管理

为了实现上述排水设施养护与管理工作，必须有相应的组织形式与方法；当前排水系统养护组织工作，一般仍处于以纯经验的方式来组织管理,实际上养护系统工程包括排水水质状况、排水体制划分、排水水量大小、环境保护要求等,是一个综合整体。它影响着排水系统养护状况、反映着排水系统养护技术和经济效益、表现出科学管理的程度;由现有积累的经验,排水系统养护组织形式可由以下三个方面内容来概括:

1. 养护组织机构

下水道养护管理工作应根据排水设施里程,水泵站数目和污水处理的能力来制定养护机构和管理方法,现在我们仅重点讲述排水设施养护管理系统,下水道养护管理基本组织形式应以排水系统的水域范围为主,以地区的行政区域为辅,实施下水道系统与行政区域相互结合的方针,按照养护里程一般采取三级养护组织来决定养护管理部门机构状况,如表 8-10 所示。

下水道养护组织情况　　　　　表 8-10

养护管理组织机构	养护管理里程(km)
养护管理段	150~300
养护管理所	500~800
养护管理处	1500~3000

2. 养护人员数量的确定

沟道养护人员是依据沟道排水区域大小、沟道长度、沟道系统状况,如沟道断面、坡度、充满度、构筑物、水质状况等以及养护条件(如机械化程度)而定,其中以沟道长度为准,根据以往经验统计资料,一般平均每人以养护里程为 1.5~2km 的养护定额来组织实施养护工程工作。

3. 养护工程费用的确定

以实现下水道设施完好率指标情况来制定养护工程计划,籍此反映出单位排水设施所需养护费用,用养护率来表示,其单位为元/km;并以此作为向各层养护机构下达养护任务、实施养护计划、分配养护费用的依据。据北京以往经验统计资料表明,下水道设施完好率为 75% 时,下水道每年每公里养护费用约为

2000元/km/年。若以设施完好率为标准,如果每年提高一个百分点,所增加养护费为25元/km/年,这就是说,应根据各个地区城市下水道基础设施情况不同,对下水道设施完好率要求不同,因地制宜确定不同的养护率和养护费用。因此在大致相同的条件下,设施完好率及养护定额高,养护率低,即表明该地区下水道设施养护质量好,养护效率高,养护费用小。它是指导与评价下水道养护管理工作优劣程度的准则。

复习思考题

1. 简要说明下水道水质标准确定的原则以及污水综合排入下水道的水质标准?
2. 哪些污水需要进行预处理工作之后才能排入下水道?
3. 叙述利用下水道自身设施一般常用的测流方法。
4. 说明地面积水与滞水和排水设施阻水等现象。
5. 如何预测地面积水与滞水情况及其所采取的预防措施。
6. 叙述下水道设施正常巡查的工作内容。
7. 排水系统养护组织管理工作有哪些内容?如何评价养护管理工作的优劣程度?
8. 如何反映下水道设施养护情况和完好状况?
9. 叙述排水系统水质管理的主要内容有哪些?
10. 说明接修户线管理工作。
11. 下水道设施需要积累哪些资料?

九、安全与文明施工

(一) 下水道维护安全常识

1. 下水道养护安全作业一般要求

所有从事下水道养护作业的人员在上岗前必须经过专业知识及安全知识的培训。

排水管道的养护工作必须注意安全,由于管道中的污水通常能析出硫化氢、甲烷、一氧化碳等有毒有害气体,有些生产污水还能析出石油、汽油、苯等气体,这些气体与空气中的氧混合能形成爆炸性气体,此外煤气管道失修渗漏也能导致煤气逸入排水管道中造成危险。所以,下水道养护作业人员如果要进行井下作业,除应有必要的劳保用品外,下井前必须先将有毒有害气体监测仪器放入井内检测,如仪器发出报警声,说明管道中有毒有害气体超标,必须采取有效措施排除,如将相邻两个检查井的井盖打开通风一段时间,或用抽风机进行抽风,排气后再进行复查。即使确认有害气体已排除,养护人员下井时仍应有适当的预防措施。操作人员必须穿戴齐全的防护用品(安全带、安全绳、安全帽、胶鞋、防毒面具及口罩等);井上监护者不得少于两人,以备随时给予井下人员必要的援助,并要与井下人员预订好联系信号。

井上监护人员应熟悉操作和防护、急救要领。监护人要严密分工、坚守岗位、互相呼应、发现问题及时处理。

养护人员在沟内作业应组成工作小组,该小组至少由4人组成。如果是污水自冲作业,工作小组应由两人组成,如果是带工具冲洗下水道,工作小组由4人组成。清理进出水口时,工作小组最少两人。

遇有管道堵塞，一般不得在下游疏通，必须疏通时，应戴好呼吸器及安全带。

遇有化工、制药、科研单位的废水直接通入下水道，又必须下井操作时，须经有关部门研究批准，采取安全措施后，方准进入操作。

2. 沟道、井下作业注意事项

（1）在井内不得携带有明火的灯，不得点火或抽烟。井下采用手电照明或利用平面镜子反射太阳光方法。

（2）如果在沟道内作业，沟深大于1m的下水道，泥水深度不超过0.25m时，方可入内作业，否则应在送风后再进入作业区，且边送风边作业，作业前进方向应与送风方向相反，在沟内连续作业不得超过120min，在井内或沟内作业时，不得迎水作业，应侧身操作。

（3）井下作业人员发现头晕、腿软、憋气、恶心等不适感觉时，必须立即上井并同时通知井上监护人员。

（4）如果在危险沟段内作业，同时还应对有毒有害气体检测仪进行监测，发现异常情况，及时报警，并采取有效措施。

（5）遇有死井、死水、死勾头地段，必须用通风机强制通风不得小于15min，并且在作业中不停止人工送风，以补充氧气，井口处周围设置明显的防护标志，如在沟内连续操作不得小于2h。

3. 存在危险性的下水道

能危及进入工作人员的生命和健康的下水道和检查井有：

（1）任何坡度小于0.4%的沟管。

（2）管线井距大于90m，以及带有倒虹吸管的下水道。

（3）下水道干管，尤其是经过工业区的。

（4）经过煤气总管或汽油储藏柜附近的下水道。

4. 有毒有害气体的监测

（1）下水道中常见气体情况

由于污水中的有机物质（人畜粪便、动植物遗体、含有机物的工农业废渣废液）在一定温度、湿度、酸性和缺氧条件下，经厌气性微生物发酵，有机物质会腐烂分解而产生沼气（甲烷 CH_4），这是一种无臭易燃的气体，同时也可能产生 CO、H_2S、NH_3 等有毒性气体使人中毒、缺氧、窒息，其中 CO、H_2S 比空气重，一般聚集在水表面或污泥中，清除起来较为困难，而 CH_4、NH_3 比空气轻，可以通过孔道向上往四周扩散渗漏，如甲烷气体在空气中含量大于5%时，遇火会燃烧，放出热量而形成爆炸性的气体。

一般情况下，空气中氧的含量为20.9%，如小于18%，即表明空气缺氧，当小于6%时，人会立即缺氧窒息死亡。

硫化氢(H_2S)在空气中的浓度在 0.001~0.002mg/L 时，就能闻到气味(臭鸡蛋味)，当达到 1mg/L 时，就能使人瞬时中毒死亡。

二氧化碳（CO_2）是无色无臭气体，一般空气中含量为5‰，当空气中浓度达到5%时，即会刺激呼吸中枢神经，使人晕倒。

一氧化碳(CO)是一种无色、无嗅、无味、易燃、有毒气体。

氨气（NH_3）也是一种无色而具有强烈刺激性异臭的气体。

除上述气体外，有时也可能产生 HCN、SO_2、苯、酚、挥发性油酚（如汽油）等有毒有害气体。

下水道常见一般气体的特性　　　　　表 9-1

气体	化学式	一般性质	比重(空气=1)	生理影响	60min 接触最大安全值(%)（容积）		瞬时接触极限值		爆炸范围（%）（容积）	最大浓度的大概位置
					mg/m^3	$\times 10^{-6}$	mg/m^3	$\times 10^{-6}$		
硫化氢	H_2S	低浓度时有臭鸡蛋味，浓度0.01%下接触2~15min损害嗅觉，无色、易燃	1.19	0.2%时几分钟内致死，0.07%~0.1%下接触造成剧毒，麻痹呼吸神经中枢	10	6.6	21	15	4.3~45.5	接近底部，但在空气受热和高温时可能在底部以上

续表

气体	化学式	一般性质	比重(空气=1)	生理影响	60min接触最大安全值(%)(容积) mg/m³	60min接触最大安全值(%)(容积) ×10⁻⁶	瞬时接触极限值 mg/m³	瞬时接触极限值 ×10⁻⁶	爆炸范围(%)(容积)	最大浓度的大概位置
一氧化碳	CO	无色、无嗅、无味、易燃、有毒	0.97	与红血球结合,在0.2%~0.25%浓度下30min可使人失去知觉,0.1%浓度下4h致死	30	24	440	400	12.5~74.2	顶部附近,尤其是照明气体同时存在
沼气	CH_4	无色、无嗅、无味、易燃	0.55	机械的夺去组织中的氧,不能维持生命					5~15	在顶部,向下至一定深度
汽油	C_1H_{12}至C_1H_{20}	无色。含量0.03%时嗅味显著,易燃	3.0~4.0	吸入时有麻醉作用,2.4%迅速致死,1.1%~2.2%时短时接触有危险	1500		350		1.4~7.6	底部
氧(空气内)	O_2	无色、无嗅、无味、助燃	1.11	正常空气中含量为20.9,人可以忍受的最低含量为12%,8h接触最小安全值14%~16%,10%以下危及生命,5%~7%以下可能致死						因高度不同而变化

(2) 检测方法

目前较为常用的是一种"四合一"复合气体检测仪,可同时检测下水道中最常见四种气体:硫化氢(H_2S)、一氧化碳(CO)、可燃气、氧气。当下水道中这些气体的含量超过设定的警戒值时,仪器会自动报警。

5. 发生中毒、窒息事故时的抢救措施

(1) 在井下管道中有人发生中毒窒息晕到时,井上人员应及时汇报施工负责人,并采取措施及时抢救。

(2) 从事抢救的人员应在佩戴好防护用品、扎好安全绳后方可下井抢救。

(3) 照明应用手电筒,不准用明火照明或试探,以免燃烧爆炸。

(4) 抢救窒息者,应用安全带系好两腿根部及上体,不得影响其呼吸或受伤部位。

(5) 及时联系医务人员和急救车辆,组织好现场抢救或送医院急救。

(二) 下水道维修作业文明施工

1. 文明施工的意义

下水道维护施工是面向社会、服务于广大老百姓的一项工作。在实施过程中必然会涉及交通通道、周围建筑的安全、环境保护的实施等工作,这些都与社会和人民生活息息相关,因此在工程实施期间,做到文明施工是社会的需要,也是为人民服务的具体体现。搞好文明施工也就反映了取信于民,满足社会需要的意义所在。

然而,要搞好文明施工,并不是轻而易举的事,不同的施工单位,他们对文明施工做到的程度并不一样。因此,文明施工搞得好坏,在一定程度上反映了施工单位的管理水平。相反,努力去完成文明施工的内容和要求,将促进施工单位的管理水平,使它向标准化、规范化前进。

2. 文明施工的内容和要求

文明施工的基本内容和要求应该从工程实施前、实施中和工程结束后这三方面着手,尤其是实施过程中应做大量的便民利民工作。

(1) 工程实施前

1) 必须认真做好各项施工准备工作,在选用维护手段、施工方法、制定施工方案时,必须把文明施工作为主要内容之一,对于重要管线或复杂地段,应单独制定专项技术措施,并经上级技术主管部门审定。

2) 在对原有管线进行翻修、改建时,应了解施工区域内的各种管线分布情况,核准管位,向管线管理单位提出要求管线监护的要求,取得他们的认可,施工技术员应按有关规定落实可行的保护措施,并向全体操作人员作出详细的书面交底。

3) 必要时召开与施工有关的及对施工范围有影响的单位、街道等参加的配合会,通报工程概况,征求施工中将实施便民利民的措施意见,以及希望各方配合支持的要求,取得社会的理解和帮助。

(2) 工程实施中

1) 施工现场必须挂牌。牌内必须标明工程名称及范围、施工单位、施工时间、负责人姓名和监督电话等。牌应悬挂在施工路段两端或出入口醒目的位置。

2) 施工区域与非施工区域要有明显的分隔措施,并按规定使用安全防围和交通标志。

3) 不封锁或半封锁交通的施工地段要有保证车辆通行宽度的车行道和人行道,并落实养护管理措施,保证道路平整,无坑塘无积水;封锁交通的施工地段(特殊情况,经有关部门批准),要有特种车辆或沿线单位进出车辆的通道和人行通道。

4) 工程范围内要有切实可行的临时排水设施,并要解决好该区域的排水流向和出路,沿途单位和居民区的雨、污水管的出水,对于因施工带来的影响(如引起出水不畅或受阻等),均应有相应的补救措施。

5)施工中需要封堵原有排水管道口,必须按施工组织设计的安排和计划进度要求实施,并做好记录,按时拆除。封堵后,还必须要解决排水的过渡措施,保证原使用单位的正常生产和生活。

下水道沟槽的开挖,每隔一定间距(特别是街坊、单位的出入口)均应设置跨槽便桥,并有安全措施,如遇有暴雨等特殊情况引起沟槽淹没,施工单位应及时派值班员和竖立标志,以确保行人、行车安全。

6)施工现场的平面布置应合理、整洁、条理清楚;各类物资、机具、材料及土方等堆放整齐和集中;生活区卫生、文明、管理制度落实。办公室的图表、施工情况、总平面图显示清楚,内业资料齐全、整洁、可靠。

7)定期开展文明施工管理活动和建立检查评议制度,并有记录。不定期的开展附近单位,居民的征询活动,主动帮助解决文明施工方面的问题。发生事故,必须按规定及时处理。

(3)工程结束后

1)做好完工清场工作,为竣工验收,交接做好一切准备工作。

2)检查原有排水管道口封堵,拆除情况,竣工后,确属不能拆除的,应在竣工图上注明,并向接管单位办理交接手续。

3)做好原有道路修复,交接手续。

4)回访沿线单位,征求意见;总结该工程文明施工工作,积累经验,吸取教训,为以后提高文明施工工作打好基础。

(三)交通配合知识

下水道施工往往在城市范围内须涉及到交通配合问题。一般有维持原有交通,全路段交通封锁,半路段交通封锁(以下简称全封、半封），以及部分路段实行交通封锁。

维持原有交通：主要有几种情况。一是本路段（施工范围）道路通行能力富裕，因此由于施工占用了道路，交通仍能维持。二是本路段（施工范围）道路通行的富裕量并不大，但随时间变化，交通量与规律变化。如白天交通量大，夜间交通量小，上半月交通量大，下半月交通量小等。其交通配合实行间歇施工，在交通量小的时间进行施工，待交通量变大时，停止施工。路面上用覆盖物盖好，维持交通。实施这种交通配合时，在施工期间必须设立交通标志，并向行人、车辆等进行安民告示，夜间施工须按规定设立信号灯。三是施工范围内道路通行能力无富裕量，甚至超负荷使用，但又无法中断交通。在这种情况下，必须临时建筑通道来维持交通，或疏散交通量（限制部分车辆通行，实行车辆绕行等）。实行这种交通配合时，其临时通道的设计通行能力必须保证原有通行要求，确定限量，绕道方案均须合理可行。

全封：分为临时性全封和施工期全封。临时性全封，主要是作业临时占路严重或出现突发事故等。这就需要配备必要的警力和交通指挥人员，及时、准确、合理地做好交通配合，维持施工及抢修需要。施工期全封，主要看施工范围路段交通量的大小，道路通行重要与否以及施工工程性质、施工期等来确定。实施全封，要做好交通封锁各项工作：设立指示标志、警告标志等，配备交通指挥人员，夜间设立灯管信号灯等。

半封：主要是施工范围路段交通量不大，扣除施工所需占路占地，留下通道能保证车辆安全通行情况下所实行的交通配合。实施此种交通配合必须用专用设备或建筑物将施工区与非施工区严格隔开。这些设备及构筑物上要有醒目的交通标志、安全标志，便于行人、车辆安全通行。

部分路段实行交通封锁：此种交通配合主要视施工性质（如顶管施工、横穿道路以及维护等工程），交通疏散及绕道的许可情况而定。它可以纵向部分路段交通封锁，也可以横向部分路段交通封锁。不论需要哪种交通配合，均须取得交通部门的许可和沿线单位、企事业的积极支持。施工单位行政负责人和工地主管，对施工现场的安全防护设施，交通标志（牌）的设置负主要责任。各施工单位应指定专人对其设施负责管理和检查。凡有交通配合要求，各地交通部门和政府有关部门均应有明确规定，施工单位及建设单位必须认真执行，严格检查落实，这里不一一详述。

（四）有关法律、法规

现将与安全、环保、文明施工有关的法律、法规摘要如下：

《中华人民工和国安全生产法》

第四十九条：从业人员在作业过程中，应当严格遵守本单位的安全生产规章制度和操作规程，服从管理，正确佩戴和使用劳动防护用品。

第五十条：从业人员应当接受安全生产教育和培训，掌握本职工作所需的安全生产知识，提高安全生产技能，增强事故预防和应急能力。

第五十一条：从业人员发现事故隐患或者其他不安全因素，应当立即向现场安全生产管理人员或者本单位负责人报告；接到报告的人员应当及时予以处理。

第七十条：生产经营单位发生生产安全事故后，事故现场有关人员应当立即报告本单位负责人。

《中华人民共和国环境保护法》

第十八条　在国务院、国务院有关主管部门和省、自治区、直辖市人民政府划定的风景名胜区、自然保护区和其他需要特别保护的区域内，不得建设污染环境的工业生产设施；建设其他设施的污染物排放不得超过规定的排放标准。已经建成的设施，其污染排放超过规定的排放标准的，限期治理。

第二十八条　排放污染物超过国家或地方规定的污染物排放标准的企业事业单位，依照国家规定缴纳超标准排污费，并负责治理。

《中华人民共和国水污染防治法》

第二十七条 在生活饮用水源地、风景名胜区水体、重要渔业水体和其他有特殊经济文化价值的水体的保护区内，不得新建排污口。在保护区附近新建排污口，必须保证保护区内水体不受污染。本法公布以前已有的排污口，排放污染物超过国家或地方标准的，应当治理；危害饮用水源的排污口，应当搬迁。

第二十八条 排污单位发生事故或者其他突然性事件，排放污染物超过正常排放量，造成或者可能造成水污染事故的，必须立即采取应急措施，通报可能受到水污染危害和损害的单位，并应当向当地环境保护部门报告。

第二十九条 禁止向水体排放油类、酸液、碱液或剧毒废液。

第三十条 禁止在水体清洗装贮过油类或者有毒污染物的车辆和容器。

第三十一条 禁止将含有汞、镉、砷、铬、铅、氰化物、黄磷等可溶性剧毒废渣向水体排放、倾倒或者直接埋入地下。

存放可溶性剧毒废渣的场所，必须采取防水、防渗漏、防流失的措施。

第三十二条 禁止向水体排放、倾倒工业废渣、城市垃圾和其他废弃物。

第三十四条 禁止向水体排放或者倾倒放射性固体废弃物或者含有高放射性和中放射性的废水。

向水体排放含低放射性物质的废水，必须符合国家有关放射保护的规定和标准。

第三十五条 向水体排放含热废水，应当采取措施，保证水体的水温符合水环境质量标准，防止热污染危害。

《建设工程安全生产管理条例》

第三十条 施工单位对因建设工程施工可能造成损害的毗邻建筑物、构筑物和地下管线等，应当采取专项防护措施。

施工单位应当遵守有关环境保护法律、法规的规定，在施工现场采取措施，防止或者减少粉尘、废气、废水、固体废物、噪声、振动和施工照明对人和环境的危害和污染，在城市市区内的建设工程，施工单位应当对施工现场实行封闭围挡。

第三十二条　施工单位应当向作业人员提供安全防护用具和安全防护服装，并书面告知危险岗位的操作规程和违章作业的危害。

作业人员有权对施工现场的作业条件、作业程序和作业方式中存在的安全问题提出批评、检举和控告，有权拒绝违章指挥和强令冒险作业。

在施工中发生危及人身安全的紧急情况时，作业人员有权立即停止作业或者采取必要的应急措施后撤离危险区域。

第三十七条　作业人员进入新的岗位或者新的施工现场前，应当接受安全生产教育培训。未经教育培训或者教育培训考核不合格的人员，不得上岗作业。

施工单位在采用新技术、新工艺、新设备、新材料时，应当对作业人员进行相应的安全生产教育培训。

复 习 思 考 题

1. 下水道安全作业的一般要求是什么？
2. 井下作业的注意事项。
3. 发生中毒、窒息事故后的抢救措施。
4. 文明施工的内容和要求。
5. 哪种下水道属于危险沟段？
6. 下水道中常见的有毒有害气体有哪些？如何检测？

参 考 书 目

1. 北京市编．市政公用设施工程竣工档案的具体要求和做法（试行）
2. 工程制图
3. 室外排水工程规范（2000年版）
4. 山东省城市建设学校主编．市政管道工程．中国建筑工业出版社，1998
5. 北京市市政工程局编．下水道养护工
6. （美）威廉S·福斯特等编著．市政工程维护与管理．中国建筑工业出版社，1983
7. 狄赞荣编．施工机械概论．人民交通出版社
8. 工程机械．2001（2）、（3）、（6）、（9）、（12）
9. 北京市市政工程管理处编．北京市市政工程管理处排水工程养护高级工培训教材
10. 中国工程机械．2003（4）